# 김상욱의
# 과학공부

철학하는 과학자

# 김상욱의
# 과학공부

시를 품은 물리학

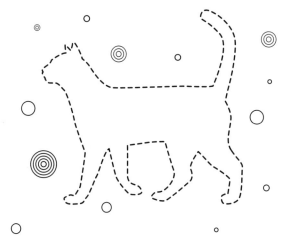

동아시아

## 추천의 글

철학하는 과학자 김상욱 박사가 전해주는 과학. 지식은 덤이고 끝에는 질문이 남는다. 수식이 아니라 말로 된 과학책은 인문학의 토대이다. 과학 지식의 극한에서, 지적 탐구를 시작해 보자.

_김재인 (철학자)

나는 과학자랑 친하다. 전형적인 문과 출신이라 과학에 대한 밑천이 너무 없는지라 귀동냥으로 부족한 부분을 채우려 하기 때문이다. 과학자들이랑 얘기를 나누면 신난다. 일단 사고단위가 다르다. 1년이나 10년 정도의 단위는 대화에 등장하지 않는다. 수십억 년이 기본이다. 이런저런 정치적 욕망이 충돌하는 이 나라에 대한 이야기는 술자리 안줏감이다. 광대한 우주와 광년으로 표현되는 거리를 바탕으로 펼쳐지는 이야기는 흥미롭다. 과학자들 모임에 참여해 그이들과 친해지다 보니 아는 게 좀 늘어 과학책도 읽게 되었다. 아직도 잘 이해하지 못하는 대목이 있으나, 확실히 알게 된 것은 있다. 과학은 현대인이 반드시 익혀야 할 교양이라는 사실이다. 이 점을 무시하면 오늘 우리의 삶을 가능케 하는 많은 부분을 이해하지 못할 수 있고, 과학을 한낱 돈 되는 공부로만 여길 수도 있다. 더욱이 과학을 알게 되면 오만과 편견에서 벗어나 참된 앎의 세계에 이르는 방도를 늘 고민하게 된다.

김상욱 교수는 양자역학을 전공하는 물리학자이면서 대중의 과학화와 과학의 대중화에 애를 쓰는 저술가이기도 하다. 김 교수의 글을 읽다 보면 인문적 통찰력에 무릎을 치고, 그 무엇인가의 근본에 대한 지적 호기심에 절로 감탄하게 된다. 과학의 문은 열려 있는데, 어렵거나 몰라도 된다는 편견의 문지기에 속아 문지방을 못 넘어서야 되겠는가. 김상욱 교수를 길라잡이 삼아 과학과 그것의 진정한 정신은 무엇인지 함께 배워보길 소망한다.

_이권우 (도서평론가)


원래 자연이 시보다 더 아름답고 감동적이며 심지어 리드미컬한데다가 모호하기 짝이 없다. 그러니 그 외피 속에 감춰진 비밀을 찾아나서는 과학적 여정 또한 시보다 더 큰 상상력과 창의력을 요할 수밖에 없다. 다만 그동안 그 설명이 더럽게 재미없고 난해했을 뿐이다. 이 책이 나옴으로써 이제 시는 폭삭 망하게 생겼다. 그 대신 시는 비로소 자신을 이해해주는 엄청난 친구를 곁에 두게 된 셈이다.

_정재찬 (한양대 국어교육과 교수, 『시를 잊은 그대에게』 저자)

아직 예술의 정체에 대해 혼란스러워 하던 젊은 시절, 소설가가 쓴 엔트로피와 예술과의 상관관계에 관해 쓴 책을 읽고 큰 깨달음을 얻은 적이 있었다. 수학도 물리학도 전공하지 않은 소설가가 어떻게 비전공분야와 예술을 연결할 수 있었을까. 그 소설가의 나라에 수학과 물리, 예술과 문학, 현실세계와 빅뱅을 연결하여 쉽게 설명해주는 이런 책이 존재하지 않았다면 불가능한 일이었을 것이다.

_홍성민 (예술가, 계원조형예술대학 융합예술과 교수)

문·사·철을 꿰뚫는 단단한 인문 교양에 뿌리 내린 비판적 지성. 이런 비판적 지성이 현장의 과학자라면 얼마나 멋있을까? 나는 이 책을 읽으면서 항상 꿈꿨던 그런 과학자가 바로 옆에 있었음을 새삼 깨달았다. 더 늦기 전에, 한국을 대표하는 '과학자 지식인' 김상욱 박사를 만나 보자.

_강양구 (프레시안 부국장)

과학을 쉽게, 그리고 정확하게 설명하는 김상욱 교수의 능력은 내겐 '넘사벽'이다. 그가 얘기하는 과학은 함께 살아가는 우리 사회 누구나 알아야 하는 교양이다. 우리 사회의 진솔한 속얘기는 덤이다.

_김범준 (성균관대 물리학과 교수, 『세상물정의 물리학』 저자)

좋은 과학자는 많고 좋은 글쟁이도 많다. 이 둘을 겸하는 사람은 드물다. 나아가 글에 과학과 인문, 양면의 통찰을 쉽고도 진하게 담는 이는 더 귀하다. 김상욱 교수가 바로 그 사람이다.

_원종우 ('과학과 사람들' 대표)

김상욱 교수는 《과학동아》의 기고 요청에 늘 관점과 철학이 있는 글을 보내왔던 좋은 필자였다. 지식을 쉽게 전달하길 거부하고 심오한 주제로 달음질하는 솜씨가 놀라웠다. 그의 이번 책이 기대되는 이유이다.

_윤신영 (《과학동아》 편집장)

김상욱 교수는 부지런한 사람이다. 몸도 마음도, 그리고 지적으로도. 그래서 주변의 어떤 일이든 과학적으로 분석하는 일을 게을리하지 않는다. 또한 김상욱 교수는 신념을 가진 사람이다. 과학이 세상을 구원할 것이라는, 정확히 말하면 과학을 이해하는 사람이 세상을 더 낫게 만들 거라는 신념. 그 두 가지가 합쳐져서 이 책이 탄생했다.

_이강영 (경상대 물리교육학과 교수, 『LHC, 현대물리학의 최전선』 저자)

과학이 교양인 시대, 가장 뛰어난 교양을 갖춘 과학자의 글.
과학은 지식이 아니라 합리적으로 세상을 보는 방법이라는 말이 무슨 말인지 이해할 수 있다.

_이강환 (서대문자연사박물관장)

김상욱은 과학으로 똘똘 뭉친 사람이다. 이 책에는 그런 그의 머릿속에 꽁꽁 묶여 있던 과학이 삶의 모습을 하고 겸손하지만 단호하게 그 모습을 세상에 드러내는 성인식 같은 글들로 가득하다. 상식적인 사회를 향한 물리학자의 담백한 외침을 들어보자.

_이명현 (천문학자, 과학저술가)

거리에서 한 사람이 춤을 춘다. 그의 몸짓이 한낱 우스개가 되지 않도록 하는 건 그에 동조해 같이 춤을 시작한 두 번째 사람이다. 그로 인해 첫 번째 사람의 행동은 의미 있는 퍼포먼스가 되고, 모든 사람이 함께 춤출 수 있는 발판이 마련된다. 확실히 이 글은 두 번째 사람이다. 과학으로 생각하는 방법을 처음 이야기한 것은 아니지만, 용기 있게 두 번째로 나서 더 많은 이들에게 확실하게 각인시키는 데 성공한!

_이은희 (과학 커뮤니케이터, 『하리하라 시리즈』 저자)

혼미한 세상이다. 그리하여 우리는 과학자를 불러내어 세상을 분석시킨다. 1 더하기 1은 2라는 간단하면서도 분명한 시각으로 세상을 풀어내라는 것이다. 하지만 어디 세상 일이 그리 단순히 해결되랴. 평등보다 더 귀한 게 정의다. 1 더하기 1은 2보다 더 클 수도 있어야 한다. 차가운 머리에 따뜻한 가슴을 품은 양자물리학자 김상욱이 귀한 이유가 그것이다.

_이정모 (서울시립과학관장)

한국의 지식사회에서 연구와 소통의 관계는 마치 두 개의 음전하와 같다. 김상욱 교수는 연구와 소통 간의 이런 (터무니없는) 반발력에 대항하여 둘 사이의 공존적 평형상태를 이끌고 있는 한국의 대표적 물리학자이다. 그가 그동안 써온 에세이들을 보면, 그가 또 다른 안정상태를 추구하고 있음을 발견하게 된다. 그것은 과학과 인문의 공존이다. 그는 우리 시대의 교양이 과학이고 인문이어야 함을 주장하고 있다. 빛이 입자요 파동인 것처럼. 운동방정식인 양 정확하지만, 〈개그콘서트〉처럼 재밌는 이야기들도 솔찮다. 뭘 더 바라겠는가?

_장대익 (서울대 자유전공학부 교수, 『다윈의 식탁』 저자)


진짜 인문학의 정의에는 과학이 포함되어 있다. 그런 의미에서 김상욱 교수의 이 책은 진정한 인문학 서적이라고 할 만하다.

_정지훈 (경희사이버대 모바일융합학과 교수)

# 과학과 인문학은
# 교양 앞에 평등한가?

**1.**

기자들이 과학자를 찾아오면, 질문은 대개 비슷한 요청으로 시작된다. "초등학생도 이해할 수 있게 설명 부탁드립니다." 과학기사의 주된 독자가 초등학생일 리는 없다. 이런 요청에는 독자들의 과학지식 수준이 초등학생 정도일 거라는 가정이 깔려 있다고 볼 수밖에 없다. 다른 분야에 대한 취재를 할 때에도 기자들이 이런 요청을 하는지 궁금하다.

**2.**

"『로미오와 줄리엣』의 작가를 아시나요?" 로미오의 작가는 아는데 줄리엣의 경우는 모른다고 답하면, 회식 분위기가 좋아질 거다. 하지만 정색을 하며 "처음 듣는 책인데요"라고 답했다가는 사람들이 무식한 당신을 슬금슬금 피해갈지도 모른다. "열역학 제2법칙을 아시나요?"라는 질문에는 사뭇 다른 반응이 나온다. 사람들은 오히려 질문자를 이상한 눈으로 쳐다볼 것이기 때문이다. '셰익스피어'는 교양이지만, '열역학 제2법칙'은 교양이 아닌 걸까? 물리학자가 보기에 이 두 질문의 중요도는 비슷하다. 열역학 제2법칙은 시간이 왜 한 방향으로만 흐르는지 설명해주는 법칙이기 때문이다. 죽은 로미오를 끌어안고 절규하는 줄리엣도 동의할 거다.

**3.**

디트리히 슈바니츠Dietrich Schwanitz의 『교양』은 '사람이 알아야 할 모든 것'이란 부제를 달고 있다. 800페이지에 달하는 책으로, 유럽인의 입장에서 쓴 교양 백과사전이라 할 만하다. 필자가 이 책에서 놀랐던 것은 과학을 다룬 부분이 30페이지가 채 안 된다는 사실이었다. 이조차도 토머스 쿤, 프로이트, 사회과학을 뺀다면, 고작 9페이지가 남을 뿐이다. 『교양』의 저자는 사람이 알아야 할 모든 것의 목록에 자연과학을 1%만 넣은 것이다. 교양이란 타인과 소통하고 스스로를 성찰하여 그 결과를 행동으로 이끌어내는 능력이라고 한다. 과학이 이런 능력을 배양하는 데 도움이 되지 않는 것일까?

**4.**

현대 우주론은 우리가 사는 지구가 특별한 장소가 아니라고 말해준다. 지구는 태양 주위를 도는 8개의 행성 가운데 하나일 뿐이다. 태양은 우리 은하에 있는 수천억 개의 별 가운데 하나일 뿐이다. 우리 은하는 현재까지 관측된 수천억 개의 은하 가운데 하나일 뿐이다. 즉, 우주에서 지구는 아무것도 아니다. 이보다 인간에게 큰 성찰을 주는 사실이 또 있을까? 이것만이 아니다. 진화론은 인간이 특별한 생명체가 아니라고 말해준다. 현재의 모든 생명체는 똑같이 35억 년을 진화해서 성공적으로 생존한 동료들이다. 어찌 보면 생명 존중의 윤리는 진화생물학에서 기원하는지도 모른다. 또한, 생물학적 관점에서 보았을 때 모든 인간은 평등하다.

**5.**

우주는 텅 비어 있다. 지구가 모래 알갱이만 하다고 가정해 보자. 그러면 태양은 오렌지 크기가 되고, 지구는 태양에서 6미터 거리에 위치한다. 오렌지 크기의 태양이 부산역 광장 분수대에 놓여 있다고 한다면 태양계의 마지막 행성인 해왕성은 부산역 플랫폼에 위치한다. 태양에서 가장 가까운 첫 번째 별인 알파 센타우리α Centauri에 도착하려면 일본 홋카이도 북쪽 끝까지 가야 한다. 결국 부산역을 중심으로 반경 1,600킬로미터 이내에 오렌지 한 개랑 모래 알갱이 몇 개 말고는 아무것도 없는 셈이다. 따라서 주변에 무언가 물질이라 부를 만한 것을 발견한다면 그 자체로 기뻐해야 한다. 생명체는 지구에서만 발견되는 아주 특별한 물질이다. 내 주위에 생명체가 있다면 이것은 놀라워해야 할 일이다. 더구나 그 수많은 생명체 가운데 나와 같은 종種을 만나는 것은 기적에 가깝다. 다른 인간을 사랑해야만 하는 우주론적 이유이다.

**6.**

철학자 위르겐 하버마스Jürgen Habermas는 "과학은 과학이 무엇을 해도 좋고 무엇을 하면 안 되는지 설명할 수 없다"라며, "다윈을 이해하려는 사람은 칸트를 읽어야 한다"라고 했다. 하지만 에른스트 페터 피셔Ernst Peter Fischer의 『과학을 배반하는 과학』에 따르면 사실 "칸트를 이해하려는 사람이 다윈을 읽어야 한다." 칸트는 그의 인식론적 범주들이 어디에서 나왔는지, 왜 그가 별이 빛나는 하늘을 보며 전율하는지 설명하지 않는다. 오히려 다윈의 진화론적인 사유가 칸트를 이해하는 데 도움을 줄 수 있다.

**7.**

학문의 융합, 문이과의 통합이 요즘 학문과 교육의 화두이다. 하지만 교양이라는 관점에서 과학과 인문학은 그동안 평등하지 않았다. 대부분의 사람들이 과학을 교양으로 생각하지 않았다는 말이다. 함께 가기 위해 우선 평등해야 한다. 과학은 교양이다.

# 차례

제1장

과학으로 낯설게 하기

# 하루

하루는 행성의 자전으로 생기는 현상이다. 지구의 1일, 즉 24시간을 기준으로 수성의 하루는 59일이다. 수성에서도 하루의 3분의 1을 일한다면 꼬박 20일 일해야 퇴근할 수 있다. 반면, 목성의 하루는 0.41일로 지구의 절반도 안 된다. 3시간 정도만 일하면 퇴근할 수 있다는 말이다. 그렇다고 목성으로 이주하는 것은 어리석은 일이다. 목성의 공전주기는 12년이라서 연봉을 받으려면 12년을 기다려야 한다. 불과 88일 만에 태양을 한 바퀴 도는 수성에서는 해가 두 번 떴다 지기도 전에 연봉을 받게 된다. 그렇다고 수성으로 이주한다면 이것은 어리석다 못해 미친 짓이다. 수성은 낮 온도가 400도까지 올라가기 때문이다.

어차피 로켓 한 대 가지지 못한 우리 처지에 지구를 떠나는 것이 쉬운 일은 아니니 쓸데없는 생각이다. 하지만 함께 지구에 산다고 다른 사람들의 하루가 모두 같다고 생각하면 오산이다. 해외여행이 잦은 요즘, 유럽으로 떠나는 날 우리는 8시간 정도를 벌게 된다. 정오에 출발한 비행기가 11시간 비행하여 프랑크푸르트에 도착했을 때 현지시각은 당일 오후 3시가 되기 때문이다. 그렇다고 좋아할 것은 없다. 귀국할 때 고스란히 까먹을 시간이니까.

난이도를 좀 높여보자. 만약 당신이 비행기보다 100만 배 빨리 날아다닐 수 있다면, 상대성이론에 의해 하루는 48시간이 된다. 하지만 이것은 지상에 정지한 사람이 봤을 때 이야기이다. 당신의 입장에서는 그냥 24시간이다. 보고서를 쓰고 있다면 하루에 끝내야 할 것을 이틀이 되도록 뭐했냐고 욕먹을지도 모른다.

물리학자에게 하루가 무엇이냐고 물어보면 하루 종일 대답할 수 있다. 시간은 상대적이고 각자의 입장에서 하는 이야기가 모두 옳기 때문이다.

## 우리에게 잉여를 허하라

"if u cn rd ths, u cn gt a gd jb w hi pa!"

이게 무슨 말일까? 영어를 조금 아는 사람이라면 아래 문장을 추론할 수 있을 것이다.

"if you can read this, you can get a good job with high pay!"

이것은 1970년대 뉴욕 지하철 포스터에 있던 것이다. 철자가 몇 개 없어도 이해하는 데 문제없다. 이는 원래 문장이 최적화되어 있지 않았음을 의미한다. 실제 영어는 50% 이상 잉여성이 있다고 알려져 있다. 주어진 문장에서 철자를 절반 정도 빼더라도 이해하는 데 큰 지장이 없다는 뜻이다.

언어에 잉여성이 있다는 것은 잘 알려진 사실이다. 그렇지 않다면 말을 하거나 글을 쓸 때, 실수를 하지 않기 위해 초인적인 노력을 해야 할 것이다. 군대에서 주고받는 메시지는 일부러 추가적인 잉여성을 준다. 미군은 알파벳 에이, 비, 씨, 디를 알파Alpha, 브라보Bravo, 찰리Charlie, 델타Delta라고 한다. 포격좌표를 전달하다가 '비(b)'를 '브이(v)'로 착각하면 아군 진영에 포탄이 떨어질지도 모르기 때문이다.

통신에도 잉여성이 있다. 전기를 이용한 통신이 처음 시작되었을 때, 사람들은 경악을 금치 못했다. 말을 타고 달리는 전령보다 빨리 정보를 전달하는 것이 가능했기 때문이다. 크림전쟁의 전황을 실시간으로 런던에서 알 수 있었을 때, 인류는 최초로 시차를 경험하게 된다. 현지시각 오후 4시, 런던시각 오후 2시. 이런 표현이 필요했다는 말이다. 하지만 통신비용이 비쌌기 때문에, 보낼 메시지를 최대한 짧은 형태로 만들어야 했다.

1880년대 영국의 일부 중개상인들은 여섯 글자 단어인 'bought(샀다)'를 세 글자 'bay'로 나타냈다. 1887년 6월 16일 필라델피아의 양모 상인 프랭크 프림로즈는 캔자스에 있는 중개인에게 '50만 파운드의 양모를 샀다'라고 전신을 보냈다. 그러나 메시지가 도착했을 때 핵심 단어인 'bay'가 'buy(사다)'로 바뀌고 말았다. 사라는 지시로 오해한 중개인은 양모를 사들이기 시작했다. 프림로즈가 웨스턴 전신 회사를 상대로 제기한 소송에 따르면 이 오류로 2만 달러의 손해가 생겼다고 한다. 메시지를 최소한으로 줄이는 것만이 능사는 아니다.

사실 DNA야말로 잉여성의 종결자이다. 인간게놈 분석이 끝났을 때 사람들은 깜짝 놀랐다. 전체 유전자 가운데 의미 있는 유전자의 양이 너무 적었기 때문이다. 우리는 DNA의 90%가량이 정크 DNA라 불리는 의미 없는 쓰레기 정보라고 알고 있다. 하지만 반전이랄까. 최근 이 쓰레기도 재활용될 수 있다는 연구 결과들이 속속 발표되고 있다. 자연은 생명의 안정성 확보를 위해 DNA에 엄청난 잉여성을 두었지만, 진화 속에서 다시 이것을 일부 이용하고 있는 것이다. 정크 DNA의 정확한 용도에 대해서는 아직 완전히 알지 못한다.

최근 우리는 극악무도한 경쟁사회의 폐해를 목격하고 있다. 효율을 위해서 사람을 무더기로 해고하는 것은 예삿일이 되었다. 이 때문에 얼마나 많은 쌍용차 직원이 세상을 떠나야 했는가? 복지 차원에서 만들어진 비영리병원이 하루아침에 없어지기도 한다. 돈을 아껴 이익을 극대화하려는 선박의 무분별한 구조변경은 세월호 참사 원인의 하나이다. 잊을 만하면 정부는 국가 R&D 연구비도 경제적 성과가 나오는 주제에 집중하겠다고 공언하고는 한다. 이 모든 것들의 근간에는 효율 지상주의, 즉 잉여는 필요 없는 것이란 생각이 깔려 있다.

어느 집단이든 1등이 있으면 꼴등도 있다. 정규분포는 상위 10%가 있으면 하위 10%도 있다는 것을 이야기해준다. 모든 것이 완벽히 효율적으로 돌아갈 수는 없다는 것이다. 잉여는 말 그대로 '남는다', '필요 없다'는 뜻이다. 하지만 잉여인 것과 잉여가 아닌 것을 나누려면 그 기준이 옳다는 전제조건이 있어야 한다. 기준이 영원불멸한 것이 아니라면 오늘의 잉여가 내일의 필수가 될 수도 있고, 오늘의 필수가 내일의 잉여가 될 수도 있다. 사실 잉여를 판단하는 '가치'라는 것도 대개 근거 없는 경우가 많다. 특허청 직원 아인슈타인Albert Einstein의 잉여 연구가 상대론을, 고장 난 기계를 고치던 스티브 잡스Steve Jobs의 잉여짓이 애플을 낳지 않았는가.

현대사회가 가진 근본 문제를 해결하는 데 잉여만큼 중요한 것도 없다. 현대의 근본 문제란 점점 더 많은 일을 기계가 대신하고 그만큼 사람들의 일자리는 줄어드는 것이다. 이 때문에 경쟁은 더욱 치열해져가고 경제는 더 나빠진다.

자, 100명이 일하는 회사가 있다고 해보자. 값싼 기계가 도입되어 50명의 일을 대신할 수 있게 되었다. 이 경우 가장 합리적인 답은 100명의 노동시간을 8시간에서 4시간으로 줄이고 남은 4시간을 모두 쉬는 것 아닐까? 하지만 현실은 그렇지 않다. 인간과 기계가 함께 일을 하여 150명분의 생산물을 만들어낸다. 필요 이상의 상품생산으로 가치는 하락하고 이윤은 줄어들어서 결국 회사는 도산한다. 또는, 고용주가 60명을 해고하고 남은 40명에게 9시간의 일을 시킨다. 50명이 아니라 60명이 해고되는 것은 기계 구입에 들어간 비용을 회수해야 하기 때문이다. 남은 사람들도 해고가 두려워 노동시간이 늘어나는데도 찍소리 못 한다.

우리가 이런 어리석은 답을 선택하는 이유는 물론 일차적으로 고용주의 욕심 때문이다. 하지만 많이 일하는 것이 좋은 것이고, 노는 것, 잉여는 나쁜 것이라는 생각에 우리가 사로잡혀 있기 때문은 아닐까? 아주 소수의 사람을 제외하면 우리는 놀기 위해 일한다. 일이 목적이 아니라 잉여가 목적이었다는 말이다. 잉여의 중요성을 받아들이지 않으면 기계로 절약된 시간을 우리의 행복으로 전환할 수 없을지도 모른다.

언어와 통신에서의 잉여는 선택이 아니라 필수이다. DNA는 완벽을 위해 스스로 엄청난 잉여를 창출한다. 자연에서 잉여는 그 자체로 필수 불가결한 것이다. 우리가 추구하는 복지 사회란 잉여를 누리는 사회이다. 사실 우리의 삶을 살 만하게 만들어주는 철학, 과학, 예술, 종교, 운동, 오락 등은 모두 잉여가 아니었던가? 언제부터인가 우리는 잉여의 가치를 잊어버린 것 같다.

비극의 본질

발을 헛디뎌 추락하는 것은 비극적인 일이다. 이 비극의 본질은 땅에 부딪히는 것이 아니라 자유낙하에 있다.
_율리 체, 『형사 실프와 평행 우주의 인생들』

## 공작새의 화려한 꼬리 같은 삶

한 장교가 새로 입대한 병사들 앞에서 이야기하는 중이다. "피아노 전공한 사람 손들어봐. 왜 이렇게 많아? 유학 안 갔다 온 사람은 손 내려. 좋아! 자네하고 자네, 저 피아노 들어서 2층으로 옮겨주게."

조금 썰렁한 군대 유머이다. 요즘 군대가 이렇지는 않겠지만, 세상에는 말도 안 되는 기준에 근거해 결정이 이루어지는 경우가 종종 있다.

찰스 다윈Charles Darwin은 그의 저서 『인간의 유래』에서 성선택sexual selection이라는 개념을 소개했다. 수컷은 암컷의 선택을 받기 위해 다른 수컷들과의 경쟁에서 승리해야 하는데,

이를 위해 설사 생존에 불필요하더라도 성 선택에 유리한 특징을 진화시킨다는 것이다. 다윈이 이런 이론을 제시한 것은 수컷 공작이 갖는 화려한 꼬리 때문이었다. 사실 수컷 공작은 거대하고 아름다운 꼬리 때문에 움직이기도 힘들다. 꼬리 때문에 맹수들에게 잡아먹히기 십상이란 말이다. 적자생존이 옳다면 공작의 꼬리는 이렇게까지 거대할 이유가 없다. 다윈의 성 선택설은 암컷이 화려한 꼬리를 가진 수컷을 선택하기 때문이라고 설명한다.

그렇다면 암컷은 왜 이런 쓸데없는 꼬리에 집착하는 걸까? 꼬리가 필요 이상으로 긴 것은 생존에 분명 불리하다. 하지만 그렇기 때문에 긴 꼬리는 역설적으로 그 수컷이 얼마나 강한지를 나타낸다고 볼 수도 있다. 이런 장애를 가지고도 살아 있으니 진정으로 강자인 셈이다. 물론 암컷이 더 현명하다면 다른 방법으로 수컷의 능력을 테스트하는 편이 나을 것이다. 이 때문에 얼마나 많은 수컷들이 위험에 처했을지 생각해본다면 말이다.

『걸리버 여행기』에는 소인국 릴리퍼트가 나온다. 이 나라에서는 '줄타기' 잘하는 사람이 고위 관리로 등용된다. 광대들이 줄 위에서 벌이는 바로 그 줄타기가 사법고시이자 수능시

험인 셈이다. 줄타기로 사람을 뽑는다면 수험생의 입장에서 줄타기 훈련을 할 수밖에 없으리라. 스위프트는 당시의 영국 사회를 비꼬기 위해 이런 풍자를 했다. 우리 사회의 각종 시험이 이것과 얼마나 다른지 생각해볼 일이다.

정치에서도 비슷한 문제를 찾아볼 수 있다. 사람들은 선거를 통해 청렴하고 유능하며 국민을 위해 희생할 사람을 뽑길 원한다. 하지만 우리의 선거는 어느새 쓰레기 분리수거가 되어버렸다. 왜 그럴까? 선거에서 중요한 것은 오로지 당선되는 것이다. 성추행 추문에 휩싸이고, 논문을 표절하고, 법을 어겨도 상관없다. 평소 의정 활동을 열심히 하지 않아도, 능력이 없어도, 거짓말을 일삼아도 괜찮다. 모든 가용한 자원을 오로지 당선 가능성을 높이는 데에만 쏟아부으면 된다. 마치 수컷 공작이 무조건 화려한 꼬리를 가지기 위해 노력하는 것과 비슷하다. 성 선택설을 생각해본다면 수컷을 비난할 수 없다. 암컷의 선택을 받으려면 수컷의 입장에서 어쩔 수 없기 때문이다. 결국 문제 해결의 열쇠를 쥔 것은 암컷이다. 게임의 룰을 제대로 만들지 않는 한, 제대로 된 정치인을 선출하는 것은 원리적으로 어렵다는 얘기이다.

김상욱의 과학공부

과학도 마찬가지이다. 특정 저널에 논문을 실어야만 교수가 되거나 연구비를 받을 수 있고, 몇 편 이상의 SCI 논문을 써야 성과급을 준다고 규칙을 정할 수 있다. 하지만 일단 규칙이 만들어지면 과학자들은 수컷 공작같이 행동하기 시작한다. 그렇다면 과학자가 거대한 꼬리를 갖는 공작이 되었다고 해서 그를 비난할 수 있을까?

우리나라 사람들은 충분히 근면하다. 2014년 대한민국 노동자의 근로시간은 OECD 회원국 가운데 2위였다. 우리는 언제나 극도의 경쟁 속에서 자신의 모든 시간과 노력을 일에 쏟아부으며 살아간다. 이렇게 하지 않으면 생존이 불가능하다고 믿기 때문이다. 하지만 우리의 이런 노력이 혹시 공작의 꼬리와 같은 것은 아닐까? 이제는 게임의 룰에 대해 생각해볼 때이다.

## 세상은 어떻게 생겨났는가

한 과학자가 벼룩의 높이뛰기 능력에 대해 연구하고 있었다. 벼룩의 다리를 하나 자른 다음 "뛰어!"라고 소리치고, 다시 하나 자르고 나서 "뛰어!"라고 소리치는 식이다. 더 많은 다리를 자를수록 뛰어오르는 높이가 점차 줄어들더니, 마지막 다리를 자르자 아무리 "뛰어!"라고 소리쳐도 벼룩은 더 이상 뛰어오르지 못했다.

과학자의 결론: 벼룩의 다리 여섯 개를 모두 자르면 청각을 상실한다.

우스개지만, 사람들에게 과학자들의 이미지가 이런 것이 아닐까? 벼룩은 잘 모르겠지만, 평생을 달팽이 또는 거머리만 연구하는 과학자들이 있다는 것은 알려진 사실이다. 대체 이 사람들 머릿속에는 뭐가 든 걸까? 사람들 눈에 때로 과학자들이 이상해 보일 수도 있지만, 이들의 머릿속에 든 것은 똑같다. 바로 호기심이다. 이 글을 읽는 독자들도 곰곰이 생각해보라. 여러분 모두 어렸을 때 과학자였다는 것을 기억하시는가? 분명 당신은 어린 시절 나무 막대기로 땅을 헤집으며 무엇이 나올지 궁금해했을 거다. 저 산 너머에는 무엇이 있을까? 새는 어떻게 하늘을 나는 걸까? 아기는 어떻게 만들어질까? 수많은 질문들이 여러분 머릿속을 맴돌았다. 하지만 나이가 들면서 자연에 대한 이런 호기심을 잃어버린 것이 아닐까?

이런 소박한 것 말고도 인류 역사를 관통하여 존재하는 호기심이 있다. 바로 "이 세상은 무엇으로 되어 있으며, 왜 존재하는가?"라는 질문이다. 이것을 물리학적으로 짧게 바꿔보면 "우주는 무엇인가?"가 된다. 우주라고 하면 밤하늘의 빛나는 별들을 떠올리는 분들이 많지만, 사실 우주에는 나를 포함하여 내 주위에 보이는 모든 것과 보이지 않아도 존재하는 모든 것이 포함된다. 우주의 바깥이라는 것은 존재하지 않는다. 우주의 바깥에 (설령 그것이 빈 공간이라 할지라도) 뭔가 더 있다면, 거기까지 우주가 되기 때문이다.

고대 인도인들은 거북이 위에 서 있는 4마리의 코끼리가 반半구형의 세상을 떠받치고 있다고 생각했다. 앞으로 이것을 거북이-코끼리 이론이라 부르자. 이집트인들은 여신 누트가 온몸으로 편평한 대지를 에워싸고 있다고 믿었다. 여신의 몸에는 별들이 새겨 있고, 새벽에 태양을 토했다가 저녁에 삼키기 때문에 낮과 밤이 생기는 것이다. 지금 들으면 황당하다고 생각하겠지만, 현재 과학의 최신 이론도 황당함에 있어 결코 뒤지지 않는다.

지금으로부터 138억 년 전, 우주는 하나의 점에서 꽝 하고 폭발한 후 지속적으로 팽창하여 왔다. 우주는 지금도 팽창하고 있다. 이름하여 빅뱅이론Big bang theory이다. 우리말로는 '큰 꽝 이론'이라 할 수 있겠다. 우주가 팽창하는 동안 물질들이 생겨나기 시작했는데, 가장 간단한 형태인 수소 원자가 먼저 생겼다. 수소는 양성자 하나, 전자 하나로 이루어진 원자번호 1번의 원자이다. 수소들끼리는 서로 중력으로 당기기 때문에 결국에는 거대한 수소 덩어리가 생겨난다. 수소의 밀도가 아주 커지면 응축되면서 수소 핵융합 반응이 시작된다. 그 결과물이 바로 태양과 같은 별이다.

별 가운데 질량이 아주 큰 것은 결국 초신성으로 폭발하며 생애를 마감하는데, 이때 무거운 원자들이 만들어진다. 이 무거운 원자들이 바로 지구와 같은 행성을 이루는 재료가 된다. 생명은 지구의 지표면에 존재하던 원자들이 결합하여 만들어진 것이므로, 우리 모두는 별의 후예라고 할 수 있다. 이제 우리는 적어도 우리가 무엇으로 되어 있으며, 그 '무엇'이 어디서 왔는지는 아는 셈이다. 고대인들에게 설명해주면 황당하다는 표정을 지을 것이 분명하지만 말이다.

빅뱅이론을 이야기하면 반드시 나오는 질문. 첫째, 빅뱅 이전에는 무엇이 있었나요? 물론 아무것도 없었다. 텅 빈 공간이 있었다는 뜻이 아니라 진짜 아무것도 없었다. 시간조차도 없었다는 말이다. 솔직히 나도 이게 무슨 말인지 모르겠다. 아마 대부분의 물리학자들도 비슷할 거다. 둘째, 우주가 팽창한다면 어디로 팽창해가나요? 우주 바깥에 빈 공간이 있다는 말인가요? 이미 이야기했듯이 우주에는 바깥이 없다. 그냥 우주 전체가 팽창하는 거다. 풍선에 바람을 불면 풍선 표면이 점점 팽창한다. 풍선 표면에는 경계가 없다. 차를 몰고 여행을 떠나보라. 어디가 지구의 끝인가? 경계가 늘어나는 것이 아니라, 단지 모든 지점 사이의 거리가 늘어났을 뿐이다. 우주는 이런 식으로 팽창한다.

이 정도까지 이야기하고 나면, 차라리 고대 인도의 거북이-코끼리 이론이 낫다는 사람도 있을 것이다. 사실 빅뱅이론이 처음 나왔을 때, 많은 과학자들이 코웃음을 쳤다. 빅뱅이라는 이름도 우주가 단 한 번의 커다란 '꽝bang'으로 생겨났을 리 없다는 조롱에서 지어진 것이다. 하지만 빅뱅이론은 과학자들이 내키는 대로 쓴 소설이 아니다. 빅뱅이론의 모든 세부 사항은 수많은 관측 결과로 얻어진 것이라는 사실이 거북이-코끼리 이론과 다른 점이다.

빅뱅이론에 따르면 이 세상은 '빅뱅'하는 순간의 엄청난 에너지가 만들어낸 것이다. 아인슈타인의 상대성이론에 따르면 이 에너지는 질량으로, 즉 물질로 바뀔 수 있다. 빅뱅의 순간 주어진 막대한 초기 에너지가 어디서 왔냐고 물으면, 현대 물리학은 더 해줄 말이 없다. 우리는 초신성에서 왔다. 초신성은 거슬러가 보면 빅뱅에서 왔다. 빅뱅의 원인을 모르니 결국 우리도 어디서 왔는지 모르는 셈이다.

이것만으로도 힘들어 죽겠는데, 아직 이야기가 더 남아 있다. 20세기 초반 물리학에는 혁명이 일어난다. 양자역학의 등장 때문이다. 양자역학에 따르면 수소 원자와 같은 입자가 한순간 두 장소에 존재하는 것이 가능하다. 이걸 이해하는 것은 정말 힘들다. 나는 분명 한 순간 한 장소에 있어야 한다. 그런데 원자는 그렇지 않다. 한 순간 동시에 여러 곳에 있는 것이 가능하다. 여기까지도 충분히 이상하지만, 내 몸을 이루는 모든 물질이 원자로 되어 있다는 것을 생각하면 이상하다는 표현도 부족할 지경이다. 개별 원자들은 이상하게 행동하지만, 이것들이 많이 모이면 이상한 성질이 사라진다? 그렇다면 대체 경계는 어디인가? 원자가 몇 개 이상 모여야 이런 이상한 성질이 사라지는 걸까? 이 문제는 아주 오랫동안 물리학자들을 괴롭혀왔다. 이 문제는 슈뢰딩거의 고양이Schrödinger's cat라는 재미있는 이름으로 불리기도 한다.

필자의 경우 '슈뢰딩거의 고양이' 문제가 해결되었다고 생각하지만, 다른 의견을 가진 사람들도 아직 많다. 이들이 주장하는 설명 가운데 가장 기괴한 것이 소위 '다세계 해석' 혹은 '평행우주 가설'이라는 거다. 동시에 여기저기 존재하는 원자가 이상하다고 하는 것은 지극히 인간중심적인 발상인지도 모른다. 오히려 원자가 정상이고, 여기저기 존재하지 못하는 인간이 비정상인 것은 아닐까? 그렇다면 양자역학의 입장에서 세상을 봐야 한다. 우주는 이 순간에도 수많은 가능성들이 동시에 '실제로' 존재한다는 말이다. 이것을 우주가 여러 가능한 상태들로 나누어진다고 볼 수도 있다. 우리는 그 가운데 하나의 우주에 살고 있을 뿐이다. 이쯤에서 다시 거북이-코끼리 이론이 생각날지도 모르겠다.

빅뱅이론과 평행우주론을 합치면 현재 인류가 가진 최첨단 우주론이 된다. 우리의 우주는 거북이나 코끼리의 위에 얹혀 있는 것이 아니다. 먼 옛날 한 점에서 폭발로 생겨났으며 그 이후 수많은 가능성을 끊임없이 만들어가며 모든 가능성의 조합으로서 동시다발적으로 존재한다. 이런 말을 듣다 보면 차라리 벼룩의 다리를 자르는 과학자가 정상으로 보일지도 모르겠다.

당신이 정상이 뭔지 안다면 말이다.

# 스마트폰과 빅뱅

유발 하라리Yuval Noah Harari 교수는 그의 저서 『사피엔스』에서 호모 사피엔스 종의 역사와 미래를 그만의 독특한 시각을 가지고 장대한 스케일로 서술한다. 농업혁명이 거대한 사기였다거나, 인간 종의 성공이 존재하지 않는 것을 상상하는 능력 때문이라는 주장은 무척 흥미롭다. 물론 중세사 전문가에 불과한(?) 저자가 감히 인류 역사 전체에 대해 이야기하는 것을 비판하는 목소리도 있다. 저자의 모든 주장이 명확한 증거를 기반으로 하고 있는 것도 아니다. 그럼에도 불구하고 필자는 빅 히스토리Big History류의 이런 시도가 매우 의미 있는 일이라 생각한다.

『생명이란 무엇인가?』라는 책을 쓴 에르빈 슈뢰딩거Erwin Schrödinger는 양자역학을 개척한 물리학자였다. 물리학자가 생명에 대한 책을 쓴 것에 의아해 할 사람도 있을 것이다. 슈뢰딩거도 자신의 전문 분야가 아닌 주제로 글을 쓰는 것에 걱정이 많았다. 다음은 슈뢰딩거의 이야기이다.

> 우리는 조상들로부터 모든 것을 아우르는 통합된 지식에 대한 동경을 물려받았다. (…) 한편으로 누구도 아주 특화된 부분 이상의 것을 알기가 거의 불가능한 상황이 되었기 때문이다. (…) 우리들 중의 누군가가 사실과 이론의 종합을 시도하는 수밖에 없다. 물론 그렇게 하는 과정에서 불완전하거나 이류(二流)에 불과한 지식을 사용하게 될 수도 있고, 스스로를 조롱거리로 만들 수도 있다.

1944년 출판된 이 책은 당시 젊은 과학자들에게 큰 충격을 주었다. DNA 구조를 밝힌 왓슨James Watson과 크릭Francis Crick도 이 책에서 영감을 얻었다고 이야기할 정도다. 생명과 물리만이 아니다. 이 세상의 모든 지식은 모두 서로 긴밀히 얽혀 있다.

고등학교에서 진행하는 통합과학 교육은 과학의 모든 분야를 하나의 틀 내에서 다루려는 시도이다. 과학 영역의 『사피엔스』라 볼 수 있다. 대학 입시라는 괴물이 존재하는 상황에서 이런 시도가 성공하기는 쉽지 않다. 내용이 생소하고 평가 방법도 어려워서 현장 교사들의 반대도 거세다. 통합과학은 '빅뱅'우주론으로 시작한다. 의아할 수 있겠다. 우주가 한 점에서 시작되었다는 빅뱅이 우리의 삶과 무슨 상관이 있을까? 차라리 스마트폰의 원리를 가르치는 게 좋지 않을까? 자, 그럼 이제부터 빅뱅이 왜 중요한 것인지 생각해보기로 하자.

스마트폰이 작동하려면 전기가 필요하다. 충전기는 발전소에서 보내준 220볼트의 전기를 5볼트로 바꾸어 스마트폰에 공급한다. 우리나라의 전기는 주로 화력이나 원자력을 이용해서 얻는다. 화력발전소에서는 석탄을 태워 수증기를 발생시키고, 그 수증기로 터빈을 돌린다. 수증기에 무슨 힘이 있냐고? 라면을 끓일 때 냄비 뚜껑이 덜컹거리며 움직이는 것을 보라. 터빈에 달린 자석이 회전하며 패러데이Michael Faraday의 전자기유도법칙에 따라 전기가 만들어진다. 결국 전기는 석탄에서 온 거다. 그렇다면 석탄에 들어 있는 에너지는 어디서 왔을까?

3억 년 전 엄청난 양의 식물이 땅에 매장되었다. 여러 가지 이유가 있었겠지만 무엇보다도 식물이 리그닌lignin이라는 물질을 진화시켰기 때문이다. 리그닌은 미생물에 의해 분해가 잘 안 되기 때문에 식물이 분해되지 않고 그대로 땅에 묻힐 수 있었다. 이렇게 묻힌 식물의 시체(?)가 바로 석탄이며, 이 시기를 석탄기Carboniferous period라 부른다.

즉, 석탄은 식물에서 온 것이다. 식물은 광합성을 통해 에너지를 만든다. 광합성의 원리는 간단하다. 이산화탄소에 전자를 몇 개 넣어주고 양성자를 첨가해주면 유기물 '당'과 에너지원 'ATP'가 만들어진다. 이산화탄소는 당신과 같은 동물이 호흡할 때 내뱉는 것이다. 동물이 없으면 식물도 존재할 수 없는 이유이다.

전자는 물에서 떼어내어 얻는다. 그래서 선인장이 아니라면 틈틈이 식물에 물을 줘야 한다. 물에서 전자를 어떻게 떼어낼까? 여기에는 외부의 에너지원이 필요한데, 바로 태양빛이다. 빛에 강력한 에너지가 있다는 것은 해수욕장에서 등을 그을려본 사람은 알 것이다. 결국 석탄에너지는 태양에너지가 식물의 형태로 땅에 묻혀 있는 것이다. 땅속에 있는 '죽은' 유기 탄소의 양은 지구상 생물체 전체보다 2만 6,000배가 많다.

태양에너지는 어디서 온 것일까? 태양은 46억 년 전 태어났다. 수소 원자들이 중력으로 뭉쳐서 점점 커지다 보면 중심부는 엄청난 압력을 받게 되고 온도도 높아진다. 아무렇지도 않게 말하고 있지만, 무려 1,500만 도라는 온도이다. 이쯤 되면 수소 두 개가 하나로 합쳐지며 헬륨이라는 새로운 원자로 변환된다. 현대판 연금술이라 할 만하다. 이 과정에서 막대한 에너지가 쏟아져 나온다. 마술 같은 이야기지만 밤하늘에 보이는 별들이 대부분 이렇게 빛을 낸다.

그렇다면 태양을 이루는 수소 원자는 어디서 온 것일까? 우주는 138억 년 전 빅뱅이라는 폭발로 시작되었다. 빅뱅의 순간 이 거대한 우주는 점 하나의 크기에 불과했다. 우주가 팽창하며 온도가 낮아졌다. 온도가 낮아지면 물이 얼음이 되듯이, 뜨거운 우주 수프(?)에서도 양성자와 전자 같은 단단한 물질이 생겨났다. 온도가 더 내려가면 양성자 한 개와 전자 한 개가 결합하게 되는데, 이것이 바로 수소이다. 생각할 수 있는 가장 간단한 구조의 원자이다. 우주를 이루는 물질의 75%가 수소이며, 이들은 대부분 빅뱅의 부산물이다. 즉, 태양의 에너지원은 빅뱅이다. 결국 스마트폰은 시공간을 뛰어넘어 빅뱅과 연결된다.

이처럼 스마트폰의 에너지를 제대로 이해하려면 전자기학, 고생물학, 생화학, 핵물리, 우주론이 필요하다. 과학을 공부하고도 세상을 제대로 이해할 수 없다면, 그것은 전체를 보려는 노력을 안 했기 때문이다. 통합과학은 과학의 지식을 전체적으로 보려는 노력이다.

우리는 여기서 한 걸음 더 나아가 과학과 인문학을 전체적으로 보는 것은 어떨지 생각해볼 수 있다. 역사학자 하라리 교수야말로 그런 노력을 하는 사람이라 생각한다. 전문가가 자신의 영역을 넘어서는 순간 오류를 범하기 쉽다. 하지만 우주를 통합적으로 이해하고 인류가 직면한 위기를 해결하기 위해서라면 그 정도 위험은 감수해야 되지 않을까?

## 누구를 위하여 역사는 배우나

물리학자들을 괴롭히는 질문 하나. "빅뱅 이전에 무엇이 있었나요?"

답은 의외로 간단하다. "동방신기."

여기서 웃음이 나오지 않는다면 당신은 비실비실 배삼룡이 나 땅딸이 이기동이 누구인지 알고 있음에 틀림없다. 사실 많은 심오한 질문은 따지고 보면 과거에 대한 것이다. 미래에 대한 질문조차 그 단서는 과거에 있다. 미래가 과거와 비슷한 방식으로 작동할 거라는 가정이 없다면 예측하는 것 자체가 불가능하기 때문이다.

우리가 교육으로 배우는 것도 모두 과거에 대한 것이다. 물리책을 보면 갈릴레오Galileo Galilei의 발견을 시작으로 17세기 뉴턴Isaac Newton이 찾아낸 역학의 법칙, 19세기 패러데이의 전자기 실험, 맥스웰James Clerk Maxwell이 정리한 전자기방정식, 맥스웰과 볼츠만Ludwig Boltzmann의 열역학, 20세기 아인슈타인이 정립한 상대성이론, 보어Niels Bohr와 하이젠베르크Werner Karl Heisenberg의 양자역학이 나온다. 대개 교과서에서 새로운 단원은 역사에 대한 정리로 시작된다. 과학 논문도 관련 연구의 역사로 시작된다. 이렇게 보면 모든 학문의 근본은 역사인지도 모른다.

역사의 사전적 의미는 '인간 사회의 변천과 흥망'이다. 여기서 '인간 사회'의 대상은 대개 문자 기록이 남아 있는 기간이다. 이 기간을 역사시대, 그 이전을 선사시대라고 부르는 것만 보아도 역사의 주된 관심이 지난 5,000년 인간의 발자취에 국한되어 있음을 알 수 있다. 하지만 지구의 역사에서 인간이 차지하는 위치는 매우 보잘 것 없다. 지구의 역사를 1년이라고 한다면 호모 사피엔스가 출현한 것은 12월 31일 23시 36분이다. 선사시대는 20만 년이고 역사시대는 5,000여년에 불과한데, 인간의 역사가 역사시대에 국한되어도 괜찮을까? 아니 역사가 호모 사피엔스의 역사에 국한되어도 좋은 걸까?

역사시대의 역사는 이미 민족과 국가, 전쟁이 존재하는 세상을 다룬다. 토인비Arnold Joseph Toynbee가 말했듯이 역사는 과거의 이야기만이 아니다. 중국의 동북공정, 일본의 교과서 왜곡을 보라. 우리의 고대사 해석도 얼마나 객관적일지 의심스럽기는 하다. 아니, 고대사에서 객관적이라는 것이 무엇인지도 명확하지 않다. 역사를 역사시대에 국한하는 한, 민족과 국가의 이익에 따라 이용될 것이 자명하다. 이런 역사는 사회를 보는 우리의 관점을 애초부터 국가와 민족이라는 프레임 속에 가두게 된다. 어찌 보면 지금의 역사, 국사 교육은 국가주의를 강화하기 위해 하는 것인지도 모른다.

이런 점에서 '빅 히스토리'라는 새로운 관점은 역사를 보는 신선한 틀을 제공한다. 모든 것은 빅뱅으로부터 시작된다. 이어지는 이야기는 별과 원소의 탄생, 태양계와 지구의 탄생, 생명과 인류의 탄생, 농경의 탄생, 세계의 연결, 변화의 가속, 그리고 미래이다. 여기에 민족이나 국가는 없다. 우리 모두는 빅뱅에서 이어져오는 우주의 일부분이다. 이런 관점이야말로 국가와 민족을 뛰어넘어 인류라는 공동체 의식을 함양하는 21세기의 역사관이라 생각된다. 또한 빅 히스토리는 그 자체로 학문 간의 벽을 허무는 작업이다. 빅뱅은 우주론을, 별과 원소의 탄생은 핵물리학과 양자역학을, 태양계와 지구의 탄생은 천문학과 지구과학을, 생명과 인류의 탄생은 화학과 생물학을, 그 이후는 역사학, 고고학, 경제학, 공학 등을 필요로 한다.

빅 히스토리는 오스트레일리아 맥쿼리대학교의 데이비드 크리스천David Christian 교수에 의해 시작되었다. 사실 크리스천 교수는 러시아 역사 전문가이다. 하지만 1989년 빅 히스토리의 관점으로 역사를 가르치는 과목을 개설하고, 2008년에는 그 결과물을 묶어 책으로 펴내며 이 분야를 세상에 널리 알렸다. 이후 크리스천 교수는 빌 게이츠Bill Gates의 전폭적 지원 하에 '빅 히스토리 프로젝트'를 진행 중이다. 나 같은 물리학자에게 역사를 이런 식으로 접근하는 것은 아주 자연스럽다. 하지만 많은 사람들에게는 이런 프레임이 익숙하지 않을 것이다. 그런 점에서 이런 시도는 아주 의미 있다고 생각한다.

물론 이런 접근법에 반대하는 시각도 있다. 최근 과학이 공격적으로 모든 학문 분야를 정복하려 한다는 비판이 그것이다. 많은 과학자들의 생각은 이렇다. "철학적 질문에 물리학이 답을 하고, 인간의 행동은 진화론이 설명하고, 의식의 문제는 뇌과학이 답할 거다. 생명이란 한갓 생화학 기계에 불과하다." 이제 우주의 본질에 대한 질문은 철학이 아니라 물리학의 질문이다. 자유의지의 존재에 대해 물리학자와 뇌신경학자가 토론을 벌인다. 인간이란 무엇인가라는 질문에 동물생태학자와 진화학자들이 논쟁을 한다. 이런 과학자들의 지나친(?) 자신감이 인문학자들에게는 과욕으로 보일 수도 있다. 빅 히스토리 역시 이런 맥락에서 보자면 역사를 과학에게 내어주는 것으로 볼 수도 있다.

하지만 빅 히스토리를 과학제국주의로 보는 관점이 오히려 편협한 시각일 수 있다. 2013년 하버드대학교의 인지과학자 스티븐 핑커Steven Pinker는 「과학은 인문학의 적이 아니다」라는 글을 쓰기도 했다. 지금 인류가 직면한 문제는 단순하지 않다. 우리의 과학기술은 지구 전체의 기후를 바꾸거나 '인류 절멸 전쟁'을 일으킬 능력을 가지고 있다. 인공지능과 뇌과학의 발전은 인간이 무엇인지, 기계와 인간의 차이가 무엇인지와 같은 것을 진지한 과학적 연구 주제로 만들고 있다. 생명공학은 이제 맞춤형 아기를 이야기하고 있다.

이런 문제는 과학만의 문제도 아니고, 과학만의 노력으로 해결될 수도 없다. 인문학과 과학이 함께해도 해결할 수 있을지 불확실하다. 따라서 과학과 인문학의 만남은 그냥 할 수 있으면 하자는 것이 아니라 당위이다. 이제 개별 국가가 아니라 인류, 아니 우주 전체를 단위로 놓고 생각해야 할 시기가 왔다는 것이다. 역사시대에 국한되었던 역사를 우주까지 확장하자는 빅 히스토리는 인문학이 과학에게 손을 내미는 것이다. 이제 과학자들이 답할 차례다.

---

우주를 이해하기 힘든 이유

가정: 누군가 우주를 정확히 이해하는 순간, 우주 전체가 없어졌다가 훨씬 더 복잡하고 이해하기 힘든 우주로 바뀌어 나타난다.

이미 이런 일이 여러 번 일어났음에 틀림없다.

# 우주의 침묵

크리스토퍼 놀란Christopher Nolan 감독의 SF영화 〈인터스텔라〉에는 웜홀, 블랙홀, 상대론적 시간 지연, 5차원 세계와 같은 첨단 물리학이 난무한다. 대한민국 건국 이래 그렇게 많은 사람들이 아인슈타인의 일반상대성이론에 대해 이야기한 것은 처음일지도 모르겠다. 당시 필자도 여기저기서 문의가 오는 통에 인터넷을 뒤져가며 공부해야 했다. 물리학자라고 모두 웜홀, 블랙홀에 정통한 것은 아니기 때문이다. 〈인터스텔라〉 후반부에는 현란한 물리적 소재들이 등장하지만, 사실 중요한 메시지는 전반부에 있다고 생각한다. 지구환경이 변하여 인간이 살기 힘들어지는 것 말이다.

지구의 역사를 보면 많은 생물들이 번성했다가 멸종했다. 그 예로 2억 5,000만 년 전에 일어난 페름기 대멸종Permian - Triassic extinction event이 있다. 해양생물의 96%, 육지 척추동물의 70% 이상이 사라졌다고 한다. 원인에 대해서 학계의 의견이 분분하지만, 온실가스가 늘어나 평균온도가 6도 가까이 올라간 것이 재앙이었다는 것이 정설이다. 이렇게 되면 모든 강과 호수의 물이 증발하여 말라붙는다. 인간이 이때 살았다면 멸종의 대열에 동참했을 거다. 사실 지구에는 이런 무시무시한 대멸종이 몇 차례나 있었다.

〈인터스텔라〉의 지구도 인간의 환경 파괴와 전쟁, 새로운 병충해의 등장으로 사람이 살기 힘든 환경이 되어가고 있었다. 지구는 인간의 소유가 아니다. 인간을 위해 존재하는 것도 아니다. 지구가 우리를 버리는 순간 우리는 지구를 떠나거나 멸종해야 한다. 영화 속 웜홀은 분명 SF지만, 인간이 지구를 떠나야 하는 설정은 SF로 볼 수만은 없다.

지구온난화는 이제 초등학생도 아는 진부한 용어이다. 날씨가 좀 추워지면 무슨 지구온난화냐고 코웃음을 치는 사람도 있다. 페름기 대멸종은 평균온도 6도의 상승이 가져온 결과라고 이야기했다. 이런 온도 변화는 며칠 만에 일어나는 일이 아니라 몇 만 년에 걸쳐 일어나는 것이다.

　2014년 11월 2일 발표된 '기후변화에 관한 정부 간 협의체 IPCC' 보고서는 현재 대기권에 존재하는 온실가스의 농도가 지난 80만 년 동안 최고 수준이라고 경고한다. 1850년과 비교하여 $CO_2$ 농도는 280ppm에서 400ppm으로 증가했고, 평균온도는 1도 정도 상승했다. IPCC는 환경 재앙을 막으려면 온도 상승을 2도 이내로 제한해야 한다고 강력하게 주장하고 있다. 이대로 가면 2100년경에는 평균온도가 5도 올라갈 것이다. 우리의 잘못으로 후손들이 고통받을지도 모른다는 얘기이다.

　인간에 의한 환경 파괴와 관련하여 재미있는 지적이 있다. 지구 밖의 우주에 생명체가 존재할까? 적어도 지금까지 외계 문명의 어떤 증거도 관측된 적이 없다. 우주의 나이는 138억 년이고 지구의 나이는 45억 년이므로, 지구 이외의 장소에서 인류가 이룬 정도의 문명이 만들어지기 충분한 시간이 있었다. 우리 은하에는 태양과 같은 별이 수천억 개이고, 우주에는 이런 은하가 관측된 것만 수천억 개이므로 충분한 공간도 있다. 그런데 왜 우주에는 다른 문명의 증거가 하나도 없는가? 여기에는 두 가지 가능성이 있다.

첫째, 생명이나 문명이 있더라도 완전 고립되어 있다. 이것은 우리에게도 해당된다. 인간이 보낸 탐사선 가운데 가장 멀리 간 보이저 1호는 2012년 태양계를 벗어날 수 있었다. 35년을 비행한 후였다. 이대로 10만 년(!)을 계속 더 진행해야 알파 센타우리에 도착한다. 그러면 인간은 비로소 우주에 존재하는 10,000,000,000,000,000,000,000개 별 가운데 가장 가까이 있는 하나를 탐사하는 것이다. 전파를 보낼 수도 있지만, 거리가 워낙 멀다 보니 엄청난 세기로 보내지 않으면 우주 잡음에 묻혀버린다. 우주는 너무 광활하여 인간의 과학기술 정도로는 고립을 벗어날 방법이 없다.

둘째, 문명이 있었으나 사라져버렸다. 지구 생명의 역사는 35억 년에 달하지만 현생인류의 역사는 20만 년에 불과하다. 문자가 발명되고 나서 불과 5,000년 만에 우리는 자멸自滅하기 충분한 과학기술을 가지게 되었다. 문명은 순식간에 일어나서 스스로 멸망하는 속성을 가진 걸까?

멸망이 어떤 모습으로 올지는 아무도 모른다. 아마겟돈의 전쟁일 수도 있고, 실험실에서 만든 치명적인 바이러스 때문일 수도 있다. 하지만 우리가 살 수 없게 지구환경이 변하는 순간 인간 종이 남김없이 멸종될 것은 확실하다. 우리가 지구의 유한한 자원을 효율적으로(!) 남용하고 돌이킬 수 없게 환경을 파괴하는 동안, 우리 종의 멸종을 앞당기고 있는 것은 아닐까? 아니 적어도 후손들의 삶을 어렵게 만들고 있는 것은 아닐까?

우리가 아는 한 이 광활한 우주에 우리밖에 없다. 우리가 서로 사랑하고 지혜를 모아야 하는 우주적인 이유이다.

---

물리학이란 1

물리학은 가장 겸손한 학문 가운데 하나로 그저 세상이 무엇으로 만들어졌고, 어떤 식으로 작용하고 있으며, 세상에 있는 모든 존재들이 그렇게 행동하는 이유에 대해서 연구하는 학문일 뿐이다.

_나탈리 앤지어, 『원더풀 사이언스』

## 기계들의 미래

영화 〈터미네이터〉는 1984년 1편이 상영된 이래 지금까지 모두 5편이 제작되었다. 아놀드 슈워제네거는 이 영화로 일약 스타가 되어 미국 캘리포니아 주 주지사가 되기까지 했다. 〈터미네이터 4〉에는 누드로 잠시 등장하여 올드팬들의 향수를 자극하기도 했다. 1편이 나올 당시만 해도 놀라운 아이디어였지만, 지금 보면 좀 식상한 스토리이다.

미래 인류는 기계와 생사를 건 전쟁을 하게 된다. 기계는 인간 저항군 지도자를 없애기 위해 기막힌 방법을 고안한다. 로봇 터미네이터를 과거로 보내 그의 어머니를 암살하는 것이다. 시간여행과 로봇, 엄청난 액션을 절묘하게 버무리는 데 성공한 〈터미네이터〉는 이제 SF영화의 고전이 되었다. 이런 이야기가 식상한 이유도 다름 아닌 이 영화의 성공 때문일지 모르겠다.

기계들의 반란. 현재의 과학기술은 아직 이런 걱정을 하긴 이른 수준이다. 제발 기계들이 반란을 꾀할 만큼 지능을 가져주길 바라는 상황이 다행이라면 다행일까. 하지만 인공지능의 출현은 그리 멀지 않은 미래에 실현될 것으로 보인다. 이미 단순한 수준에서 인공지능은 널리 사용되고 있다. 비행기에서 조종사가 하는 일보다 기계, 즉 컴퓨터가 하는 일이 더 많다. 목표를 자동으로 추적하는 미사일과 같은 첨단 무기나 미국 항공우주국NASA의 우주개발 등에서 인공지능의 역할은 점점 늘어나고 있다. IBM의 왓슨Watson이나 구글의 알파고AlphaGo는 고도의 지능을 요하는 작업마저 기계가 인간보다 더 잘할 수 있음을 보여준다. 결국 우리는 터미네이터의 미래를 향해 가고 있는 것일까? 터미네이터가 보여주는 미래의 모습은 이제 그리 낯설지 않다. 여기에는 두 가지 생각해볼 측면이 있다.

첫째, 과학기술의 진보가 가져올 디스토피아의 미래이다. 과학기술이 인간에게 무시무시한 재앙을 초래할 것이란 생각에 대해서는 많은 사람들이 공감하고 있는 듯하다. 필자가 어렸을 적에는 미국과 소련의 핵전쟁으로 세계의 멸망이 올 수도 있다고 생각했다. 최근에는 생명과학이나 인공지능의 위험성에 대해서 많은 이들이 걱정하고 있는 듯하다. 이렇게 무서운 과학기술을 발전시키는 데 계속해서 많은 돈을 쏟아 부어야 하는 것일까?

우리는 세상이 어떤 식으로든 발전한다고 믿는다. 곰곰이 생각해보면 우리가 발전이라고 부르는 것들은 대부분 과학과 관련이 있다. 이제 우리 주위에 웬만한 질병으로 죽는 사람은 별로 없고, 평균수명도 비약적으로 늘어났다. 올 겨울에 굶어 죽을까 걱정하는 일도 거의 없다. 대부분의 사람이 충분한 옷과 구두를 소유하고, 자신의 자동차로 이동을 한다. 이런 모든 물질적 풍요는 과학기술이 인류에게 제공한 것들이다.

또한, 민주주의의 근간을 이루는 과학적 사고방식 역시 과학기술의 산물이다. 모든 인간이 평등하다는 것은 유전자 수준에서 생물학적으로 뒷받침된다. 비가 안 온다고 산 사람을 제물로 바치지 않게 된 것도 과학적 사고방식의 결과이다. 뭔가 어리석은 일을 하는 사람을 볼 때 "제발 과학적으로 생각하라"는 말을 하는 것도 이 때문이다.

김상욱의 과학공부

하지만 과학기술이 제공한 물질적 풍요를 모든 인류가 누리는 것은 아니다. 여전히 아프리카에는 굶어 죽는 사람이 있고, 선진국에서도 부자와 가난한 자의 격차가 갈수록 벌어지고 있다. 이것이 과학기술의 문제일까?

1차 세계대전의 베르됭 전투에서는 100만여 명의 사상자가 발생했다. 분당 600발을 발사하는 기관총을 향해 병사들이 돌진했기 때문이다. 스타크래프트의 저글링 벙커러시라 할 만하다. 이런 대학살의 책임이 기관총을 만든 과학기술에 있을까? 기관총을 만드는 데 쓰인 합금기술은 자동차 엔진을 만드는 데 쓰일 수도 있었다. 진짜 책임은 불을 뿜는 기관총을 향해 돌격 명령을 내린 인간의 어리석음에 있는 것이 아닐까?

영화 〈터미네이터〉가 그리는 암울한 미래는 과학기술이 갖고 있는 필연적인 귀결이 아니다. 오히려 인간이 과학적으로 생각하고 행동하지 못할 때 치러야 하는 대가이다. 과학기술이 비관적 미래를 가져올까 두려워한다면 우리는 보다 더 제대로 과학기술을 해야 한다.

두 번째로 고려할 측면은 기계지능이 인간을 뛰어넘는 것이 과연 반드시 나쁜 것인가 하는 점이다. 사실 보기에 따라서 기계지능이 이미 인간을 추월했다고 할 수도 있다. 인간이 상어보다 우월하다고 말하고 싶은 사람은 물속에서 상어와 단둘이 5분만 있어보라. 인간을 기준으로 기계지능을 평가하는 것은 공정하지 못하다. 암기력이나 계산 속도에 있어 기계는 인간보다 우월하다. 인간은 인간이 잘할 수 있는 것에서만 기계보다 우월하다.

기계지능은 예술을 할 수 없다는데, 사실 예술을 정의할 수 있는 사람도 없지 않은가? 사진기라는 기계는 인간의 눈으로는 실물과 구분할 수 없는 정확도로 사물을 그린다. AARON이라는 프로그램은 우리가 보기에 예술가의 그림이나 다름없는 것을 그린다. '그'의 그림은, 아니 '그것'의 그림은 테이트 갤러리Tate Gallery에 전시되기도 했다. 기계는 인간보다 도덕적이다. 내 노트북은 지난 5년간 단 한 번도 내 부탁을 거절한 적이 없다. 폭발물 탐지 로봇은 인간을 위해 한 치의 망설임 없이 위험에 몸을 내던진다. 기계지능이 인간과 비교하여 열등한 것이 있다면 욕심이 없다는 것이다. 욕심을 좋은 말로 자유의지라고 할 수도 있겠지만, 자유의지의 존재 역시 논란이 많은 주제이다.

결국 기계지능은 모든 면에서 인간보다 우월하며 도덕적이기까지 하다. 수많은 종교가 추구하던 궁극의 경지란 대개 자아와 욕심을 버려서 도달하는 상태이다. 기계지능은 버려야 할 자아나 욕심이 아예 없다. 기계지능은 인간이 도달하고자 한 열반의 경지에 이미 도달한 것이 아닐까? 이들을 인간처럼 만들기 위해 인간의 욕심을 넣어주는 것이 발전일까?

　　사람들이 걱정하는 터미네이터의 미래는 기계가 야기하는 문제가 아니라 인간이 야기하는 문제인지도 모른다. 그렇다면 인간 대신 이들이 지구를 지배할 때 더 나은 세상이 될 거라 상상하는 것이 지나친 비약은 아닐지도 모른다. 더 낫다는 기준에 반드시 인간이 고려되어야 하지 않는다면 말이다. 물론 필자도 인간이다. 인간 종의 주관적이고 이기적인 입장에서 보자면 이건 말도 안 되는 궤변이다. 하지만 공룡이 멸종될 때, 공룡도 이건 말도 안 되는 상황이라고 느꼈을지 모른다.

　　〈터미네이터〉, 한 편의 영화지만 우리에게 많은 생각할 거리를 준다.

# 행복지수 보존법칙

2012년 영국 신경제재단NEF에서 발표한 국가별 행복지수에 의하면 중남미의 작은 나라 코스타리카가 조사 대상 151개 국가 가운데 1위를 한 것으로 나타났다. 반면 한국은 63위에 머물렀고 미국은 105위에 불과했다. 우리나라의 1인당 GDP가 2013년 기준으로 코스타리카의 2.4배에 달한다는 사실을 생각해보면 이상한 결과로 보일 수도 있겠다.

행복은 성적순이 아니라는 영화도 있었고, 돈이 행복의 기준이 될 수 없다는 말을 귀에 박히도록 들어왔다. 하지만 이 땅에 살면서 그게 정말 사실일까 하는 의심을 가져보지 않은 사람이 있다면 그자야말로 천연기념물일 게다. 우리는 행복과 돈 사이에 밀접한 관계가 있다고 생각하며, 세속적 성공을 위한 경쟁은 유치원에 입학하는 순간부터 시작된다. 부동산 뉴스와 아이들의 성적표에 온 국민이 일희일비하고, 돈 되는 정보라면 때와 장소에 상관없이 귀를 곤두세우는 것이 우리 모두의 자화상은 아닐까?

물리학에는 자연을 기술하는 여러 가지 중요한 법칙들이 있는데, 그 가운데 으뜸인 것이 보존법칙이다. 아직 고등학교 과학지식을 다 잊어버리지 않은 독자가 있다면 에너지 보존 법칙이 기억날지도 모르겠다. 이 법칙이 이야기하는 것은 단순하다. 에너지는 형태가 바뀔 수는 있어도 그 양이 줄거나 늘어나지는 못한다는 것이다.

태양에서 지구에 도달한 복사에너지는 물의 열에너지로 바뀌어 구름을 만들어낸다. 구름이 비가 되면 빗방울의 위치에 너지가 운동에너지로 바뀌며 지면을 강타한다. 높은 지역에 떨어진 빗물의 위치에너지는 운동에너지로 바뀌며 산사태를 일으키고 집을 무너뜨린다. 태양에서 온 에너지는 식물의 광합성을 일으켜 지구상에 존재하는 모든 생명체의 에너지원이 되기도 한다. 우리가 자동차를 굴리는 것이나 컴퓨터를 하는 데 필요한 전기도 따져보면 모두 태양에서 온 복사에너지의 형태가 변한 것에 불과하다.

당연한 질문 하나. 그렇다면 에너지는 왜 보존될까? 물리학자들이 알아낸 바에 의하면 모든 보존법칙은 대칭성과 관련이 있다. 대칭성이란 뭔가 조작을 가했을 때 변화가 없는 것을 말한다. 예를 들어 사람은 대략 좌우의 형태가 대칭이다. 이는 좌우를 뒤바꾸는 조작을 가해도 변화를 알지 못한다는 것을 의미한다. 에너지의 보존은 우주의 시간 대칭성에서 기인한다. 우주 전체를 기술하는 방정식의 형태가 시간에 따라 변하지 않기 때문에 전체 에너지양에 변화가 없는 것이다.

사람들이 국가별 행복지수 발표를 보고 오히려 더 스트레스를 받는 것 같다. 우리가 63위라고? 그래, 이 땅에서의 삶이 불행하지 뭐. 필자가 대학에 다니던 시절, 행복지수 보존 법칙이라는 것이 있지 않을까 친구들과 잡담을 나누던 것이 기억난다. 행복의 총량은 일정하기에 남이 불행해야 내가 행복할 확률이 커진다는 것이다. 이는 우리의 일상 경험과도 잘 일치하지 않는가! 하지만 아쉽게도(?) 행복지수 보존과 관련해서는 어떤 대칭성도 발견된 바 없다. 즉 물리적인 관점에서 행복은 보존되지 않으며 모든 사람이 동시에 행복한 것도 가능하다는 것이다.

다음은 물리학자 아인슈타인이 남긴 말이다.

속세에서 부를 축적하려고 하는 노력의 바탕에는 그것이야말로 세상에서 가장 본질적이고 바람직한 것이라는 망상이 자리 잡고 있는 경우가 많습니다. 그러나 인생에 있어 가장 아름답고 만족스러운 경험은 밖으로부터 얻어지는 것이 아니라 개개인의 느낌, 생각, 행동, 기쁨으로부터 얻을 수 있다는 것을 깨달은 소수의 운 좋은 사람들이 있습니다. 이러한 사람들은 남의 눈에 띄지 않게 그들의 길을 묵묵히 걸어갑니다만, 이들의 노력으로 얻어지는 열매야말로 우리가 다음 세대에게 물려줄 수 있는 가장 값진 유산입니다.

## 교육의 목적은 행복이 아니다

생명의 목적은 단순하다. 생명체 자신을 영원히 유지하는 것이다. 여기서 '자신'이 무엇인지가 관건이 된다. 논란이 있기는 하지만 유전자가 '자신'이라는 것이 현대과학의 결론인 듯하다. 유전자는 정보를 담고 있다. 바로 자신을 규정하는 정보이다. 하지만 그 정보는 당신이 생각하는 당신의 정보, 그러니까 겉모습, 기억, 성격, 취향 따위가 아니다. 유전자는 단지 단백질을 만드는 정보만을 담고 있다. 단백질이 어떻게 부모와 자식 사이의 유사성을 만드는지, 우리는 아직 완전히 이해하지 못하고 있다.

당신은 자식에게 단백질 만드는 정보만을 줄 수 있다. 그 단백질 가운데 일부가 아직 알지 못하는 과정을 통해 '본능'

김상욱의 과학공부

이라 불리는 것도 전달해준다. 어린 아이들은 배우지 않아도 이성異性을 보면 좋아하고, 뱀을 보면 피한다. 본능만 가지고 살 수 있다면 이 세상은 적어도 학생들에게 천국일 게다. 하지만 우리는 천국에 사는 것이 아니기에 더 알아야 한다. 미적분도 알아야 하고 수요-공급의 법칙도 알아야 한다. 이성을 유혹하기 위해 자신을 꾸미는 법도 알아야 하고, 성난 직장 상사 앞에서 불쌍한 표정을 짓는 법도 알아야 한다. 이런 모든 것들을 DNA에 넣어야 했다면 세포는 운동장만 해졌을지 모른다. 우리는 본능 이외에 알아야 할 모든 것을 학습을 통해 배운다.

학습은 생명의 위대한 발명품이다. 뇌과학에서 학습이란 자주 사용하는 신경회로의 연결이 강해지는 것을 말한다. 뇌는 수많은 신경세포, 즉 뉴런으로 구성되어 있다. 뉴런들은 서로 시냅스synapse라는 부위로 연결되어 있다. 마치 도시들이 도로로 연결되어 있듯이 말이다. 사용량이 많은 도로는 점점 폭이 넓어지고 직선으로 바뀌다가 결국에는 고속도로가 된다. 시냅스도 비슷하다. 자주 사용하는 시냅스는 연결이 강해진다. 파블로프Ivan Petrovich Pavlov의 조건반사는 종을 치는 기억을 저장한 뉴런들과 먹이 먹는 기억을 저장한 뉴런들이 강하게 연결된 것뿐이다. 이게 전부이다.

학습시키는 것을 교육이라 한다. 교육은 생존을 위해 중요하다. 독버섯이 무엇인지 교육받지 못했을 때, 어떤 일이 벌어질지 생각해보라. 물론 인간만 교육을 하는 것은 아니다. 다큐멘터리 〈동물의 왕국〉을 보면 새끼를 교육하는 어미의 모습을 종종 볼 수 있다. 교육은 새끼의 생존을 위해 꼭 필요하기 때문이다. 인간의 학습은 이보다 더 규모가 크고 조직적이다. 『시간의 지도: 빅 히스토리』의 저자 데이비드 크리스천은 증가된 학습 능력, 이를 통한 집단적 학습이야말로 호모 사피엔스의 특성이라고까지 이야기한다. 인간은 아예 학습을 조직적으로 하는 교육기관이란 걸 고안했다. 문명국가에 사는 대부분의 인간은 꽃다운 10대를 학교에서 보내야 한다. 대개 그 비용은 국가가 지불한다.

동물의 경우 교육의 목적은 단순하다. 새끼가 어미를 떠나 홀로 살 수 있도록 하는 것이리라. 그렇다면 인간의 경우 교육의 목적은 무엇일까? 인간은 동물과 다르다고 할지 모르겠다. 먹고 사는 것도 중요하지만 행복하고 가치 있는 삶을 누리는 것이 더 중요하다고 말이다. 틀린 말은 아니다. 하지만 여기에는 오류가 있다. 학원에서 집으로 출퇴근하는 아이들을 바라보며 많은 부모들이 이런 생각을 할 거다. "이렇게 하는 건 나도 마음 아프다. 하지만 아이의 행복을 위해서 어쩔 수 없이 하는 거다." 과학자가 되겠다는 아이에게 의사가 되라고 다그치는 부모도 비슷한 말을 할 거다. "아이의 행복을 위해서 하는 일"이라고 말이다. 이제 오류가 보이는가?

우리 모두는 행복한 삶을 원한다. 제러미 벤담Jeremy Bentham 은 '최대 다수의 최대 행복'을 추구해야 한다고 말하지 않았던가. 행복을 위해 교육한다는 것에 이의를 제기하기는 힘들다. 하지만 행복이 무엇인지 알기 어렵다는 것이 문제이다. 사람마다 행복의 정의가 다를 수 있다. 내가 온종일 물리를 공부하는 것이 행복이라고 말한다면 당신은 동의하지 못할 것이 뻔하다. 따라서 만약 당신이 아이의 행복을 위해 교육한다면 이미 뭔가 잘못된 거다. 왜냐하면 그 행복이란 당신이 정의한 행복이기 때문이다. 행복이 무엇인지는 아이가 직접 결정해야 한다. 동물들이 그러하듯, 결국 인간에게도 교육의 목적은 아이의 독립이다. 행복한 삶을 정의하고 그것을 찾는 것은 부모, 교사, 사회의 몫이 아니라 바로 아이 자신의 몫이다. 아이의 인생은 아이의 것이기 때문이다.

# 미분의 철학

특목고에 가려는 학생이 알아야 할 상식이 하나 있다. 중학교 입학할 때 이미 중학교 수학이 끝나 있어야 한다는 것이다. 이 때문에 중학교 수학 문제의 수준은 상상을 초월하게 어렵다. 아주 소수의 학생만이 특목고를 갈 수 있다는 것이 비극이다. 2018학년도부터 영어가 절대평가로 바뀌면서 수학은 대학 입시 유일의 슈퍼 갑으로 우뚝 서게 될 것이다. 안타깝게도 수학은 학생들이 가장 싫어하는 과목이다. 이미 학교 현장에는 수포자(수학 포기자)가 넘쳐난다. 하지만 최근 있었던 수포자 대책 논쟁은 답이 아니라 상처만 남긴 듯하다.

"미적분 배워 내 평생 써먹어본 적이 없다." 수포자 논쟁 중에 튀어나온 미적분 무용론無用論이다. "이공계에서 미적분은 필수다. 제대로 공부 안 해서 그렇지, 사실 미적분은 쉽다."
이런 감정적 논쟁은 공허하다. 대학 입시라는 괴물 앞에서 교육의 목적이니 교육과정 같은 것을 논하는 것은 사치에 불과하기 때문이다. 수학 교육과정에서 미적분을 제외한다고 상황이 나아질까? 이차함수만 가지고도 끔찍하게 어려운 문제를 내는 것이 가능하다. 그때는 이차함수를 빼자고 할 것인가? 문제의 핵심은 학생들을 줄 세워야 하는 데 있는 것이지 교육과정에 있는 것이 아니다.

수포자 논쟁에서 튀어나온 미적분 무용론은 수학을 대하는 많은 사람들의 시각을 보여준다. 윤동주의 시를 배워야 하는 이유는 무엇일까? 발해에 대해 아는 것이 우리 생활에 어떤 이익을 주나? 이런 것은 교양이라는 답이 나올지 모르겠다. 그렇다면 나는 미적분도 교양이라고 말할 것이다. 미적분이 쓸모없다고 하는 것은 그것을 오로지 입시용으로 배웠기 때문이다. 자동차 운전도 입시용으로 배우면 시동조차 못 걸지 모른다. 미적분이 고등학교 교육과정에 꼭 필요하다고 주장하려는 것은 아니다. 미적분 자체의 가치에 대해 말하고자 함이다. 미분이란 무엇이고 왜 알아야 할까?

우주는 법칙에 따라 움직인다. 뉴턴이 만든 고전역학의 법칙은 $F=ma$(힘은 질량 곱하기 가속도와 같다)라는 수식으로 표현된다. 여기서 $a$는 속도의 시간에 대한 미분이다. 표현이 좀 어렵다면, 속도가 얼마나 빨리 변하는지를 나타낸다고 생각하면 된다. 미분微分은 말 그대로 잘게 나눈다는 말이다. 예를 들면, 4시 56분 20초와 4시 56분 21초의 두 지점으로 시간을 잘라내는 것이다. 속도의 미분이란 이 1초의 시간 간격 동안 속도가 얼마나 변했는지를 나타낸 것이라 보면 된다.

속도가 지금 10이었는데 변화량이 1이라면 1초 후 속도는 11이 된다. 실제 미분이 다루는 시간 간격은 무한히 작은 크기, 즉 크기가 0으로 접근하지만 정확히 0은 아닌 간극이다. 우주의 법칙이 시간의 미분으로 쓰여 있다는 것은 어느 한 순간 값을 알 때 그 다음 순간의 값을 알 수 있도록 되어 있다는 뜻이다. 계단 하나를 오를 줄 아는 로봇은 이것을 반복하여 아무리 높은 계단도 올라갈 수 있다. 미분으로 기술된 우주는 시간에 대해 조금씩 앞으로 나아가며 스스로 굴러갈 수 있다. 이런 우주는 이웃한 모든 시각들이 법칙으로 서로 단단히 연결되어 있다. 과거에서 미래까지 모든 것이 다 결정되어 있다는 말이다. 과학적 결정론이다.

미분의 사용은 뉴턴의 운동법칙에 국한되지 않는다. 어떤 '것'이 인과율의 적용을 받고 시간에 따라 변화한다면 미분을 이용하여 표현하는 것이 가능하다. 경제지표, 뇌 전위, 핸드폰 신호, 우주선의 궤적 등 법칙에 따르는 듯이 보이는 모든 것이 다 미분의 표현 대상이 된다. 미분으로 표현된 규칙에 따라 실제 한 계단씩 이동하여 미래의 값을 구하는 과정을 적분이라 한다. 수학적으로 적분은 미분의 역逆과정이다. 어느 학문이든 수학을 도입하기로 했다면 그것은 대개 미적분을 사용하겠다는 뜻이다. 결국 미분이란 인간이 우주를 기술하는 틀이다. 당신이 셰익스피어를 제대로 이해하려면 영어를 알아야 하듯이, 당신이 우주를 제대로 이해하려면 미분을 알아야 한다.

우리나라 중고등학교 문제집에 나오는 수학은 수학이 아니다. 수학은 문제집 바깥 우리 주위 어디에나 있다.

# 1990년, 그 여학생

예측하는 것은 어렵다. 그것이 미래에 대한 것일 때는 더욱 그러하다.

초등학교 6학년 때 좋아했던 예쁜 여학생이 있었다. 그 여학생도 나에게 관심이 있어서 우린 서로 선물도 주고받는 사이였다. 나중에 대학생이 되면 다시 만나자고 했는데, 지켜지지 못할 것이 뻔한 약속이었다. 하지만 1990년 1월 우리는 우연히 연락이 닿았고, 약속대로 대학생이 되어 다시 만났다. 데이트 아닌 데이트를 하게 된 것이다. 연애 경험 없는 내가 당시 할 수 있는 이벤트라고는 영화 〈백 투 더 퓨처 2〉를 같이 보러가는 거였다. 영화는 재미있다 못해 감동적이기까지 했다. 물론 이런 상황이라면 내 인생 최악의 영화를 봤어도 재밌었을 거다. 영화가 끝나고 KFC에서 당시 인기를 끌었던 크리스피 치킨을 뜯으며 약속을 했다. 10년 뒤 오늘 꼭 다시 만나자는 것이다. 10년 뒤 한집에서 함께 살고 있기를 바라는 마음을 표현하려는 것이었는데, 제대로 전해졌는지는 모르겠다. 2000년 1월 과연 우리가 다시 만났을까?

10년 뒤의 일을 예측하는 것은 물론 쉽지 않다. 그렇다면 100년은 어떨까? 20세기의 문이 열리던 1900년대, 프랑스 화가 장-마크 코테Jean-Marc Côté 등은 21세기 모습을 상상하며 그림을 그렸다. 비록 100년의 시간 차가 있지만, 예술가들의 상상력이 크게 빗나간 것은 아니었다. 책을 분쇄기 같은 것에 넣어 돌리면 그 내용이 소리로 변하여 학생들의 귀에 들린다든가, 날개를 단 소방관들이 하늘을 날아다니며 불을 끄는 모습이 그것이다. 디테일은 다르지만 그 개념은 이미 구현되었다고 볼 수 있다. 기계장치가 이발을 해주는 그림도 있는데, 가위와 칼을 든 기계에게 자기 머리를 맡길 사람은 2050년에도 없을 거 같다. 100년은 기나긴 시간이지만, 그래서 오히려 예측이 쉬운지도 모른다. 사람들은 결국 바라는 것을 이루기 때문이다. 충분한 시간이 필요할 뿐이다.

〈백 투 더 퓨처 2〉에서는 30년 뒤의 미래로 시간여행을 떠난다. 영화가 시작하는 1985년의 30년 후, 그러니까 2015년은 〈백 투 더 퓨처 2〉에서 떠났던 미래의 시점이 된다. 2015년이 다가오자 SF '덕후'들은 이미 영화 속의 예측과 실제 세계를 비교하기 시작했고, 이런 내용들은 인터넷에 부지기수로 널려 있다. 예측이 그럭저럭 맞았던 경우를 추려보면 3D 영화 광고, 구글 글라스, 자동으로 끈을 묶어주는 운동화, 로봇 팔, 수백 개 채널을 갖는 TV, 화상전화 등이다. 영화에서는 길거리에 서 있는 주인공 마티의 앞에 거대한 죠스의 입체영상이 나타난다. 지금 3D영화를 보려면 특별한 안경이 필요하지만, 뭐 이 정도는 봐주기로 하자. 구글 글라스 같은 웨어러블wearable 컴퓨터는 이제 대세이다. 조만간 스마트폰이 우리 몸 안으로 들어와도 놀라지 않을 거 같다. 자동으로 끈을 매주는 운동화는 나이키에서 2011년 판매한 바 있다. 하지만 주위에서 볼 수 없는 것을 보면, 사람들이 별로 좋아하지 않았던 모양이다.

사실 나는 성공한 예측보다 실패한 예측이 더 흥미롭다. 왜 그런 잘못된 생각을 했는지, 어떤 기술적 문제가 있어서 실현되지 못했는지 궁금하기 때문이다. 물리학자로서 가장 먼저 눈에 띈 것은 영화의 첫 장면에 등장하는 타임머신이다. 1편에서는 타임머신 작동에 필요한 에너지를 번개에서 얻는다. 번개가 치는 순간 정확한 장소에 있기 위해 정말 눈물겨운 사투가 벌어진다. 2편에서는 '미스터 퓨전'이라 불리는 에너지원이 나오는데, 음식 쓰레기를 넣으면 작동한다. 핵융합을 영어로 뉴클리어 퓨전nuclear fusion이라고 부르니까 영화 속 미스터 퓨전은 핵융합을 가리키는 말인 것 같다.

핵융합 에너지는 인류가 가지게 될, 그러나 아직 가지지 못한 궁극의 에너지원이다. '핵'이라고 했지만 요즘 문제가 되고 있는 원자력발전과는 다르다. 원자력은 우라늄과 같이 질량이 큰 원자의 핵이 쪼개어질 때 나오는 에너지를 이용한다. 이때 방사능을 띤 부산물이 발생하여 문제가 된다. 하지만 핵융합은 가장 작은 원자인 수소들을 결합하여 에너지를 얻고 그 부산물로 헬륨을 얻는다. 입에 한 모금 마시면 목소리가 이상해지는 헬륨 말이다.

핵융합의 원료는 수소이다. 수소는 물을 전기분해하여 얻을 수 있으니 거의 무한한 에너지원이라고 하는 사람도 있다. 하지만 현재의 기술로는 수소의 동위원소인 중수소나 삼중수소를 써야 하므로 주변의 아무 물이나 연료가 되는 것은 아니다. 지구상의 수소 가운데 0.0156%만이 중수소이고, 삼중수소는 0.00000000000000001%에 불과하다. 핵융합을 눈으로 직접 보고 싶은 사람은 맑은 날 고개를 들어 하늘을 쳐다보면 된다. 태양의 에너지원이 바로 수소 핵융합이기 때문이다. 결국 핵융합발전을 하겠다는 것은 지구에 작은 인공태양을 만들겠다는 말이다. 태양과 같이 뜨거운 것을 담아둘 그릇이 없다는 것이 문제이다. 이 때문에 핵융합 물질을 공중에 띄우는 방법이 사용된다. 자세히 이야기하지는 않겠지만, 물질을 빙빙 돌려 도넛 형태로 만든다.

우리나라에서는 대덕연구단지의 국가핵융합연구소에서 관련 연구를 수행하고 있다. 〈열한시〉라는 국산 SF영화에 거대한 타임머신이 등장한다. 이것이 바로 핵융합로 KSTAR다. 핵융합로를 타임머신이라 했다고 당시에 과학자들끼리는 낄낄거렸는데, 〈백 투 더 퓨처 2〉의 타임머신을 보니 낄낄거린 거 취소해야겠다. 핵융합발전은 아직 상용화 단계에 이르지 못했다. 과연 언제쯤 상용화되느냐고 물으면 30년 후라는 답을 듣게 될 거다. 30년 전에도 답은 같았다. 더 기다려야 한다는 얘기이다. 더구나 영화에서처럼 쓰레기로 작동되는 것도 아니다. 차라리 음식 쓰레기를 먹은 동물이 자동차를 끌면 모를까.

자동차 얘기가 나왔으니 말인데, 영화에서는 자동차들이 하늘을 날아다닌다. 하늘에는 표지판들이 떠 있다. 사실 이런 장면은 친숙하다. 미래의 도시는 언제나 하늘을 가득 메운 비행선들로 묘사되니까. 프랑스 화가 장-마크 코테의 그림에도 날아다니는 수많은 비행체들이 2000년의 하늘을 채우고 있다. 라이트 형제Wright brothers의 비행기가 첫 비행을 한 지도 110여 년이 지났지만, 아직 개인 비행기는 갑부들만의 전유물이다. 이착륙에 거대한 활주로가 필요하여 자동차같이 운용되기도 힘들다. 활주로 부속 건물만 한 집 한 채조차 없는 사람이 대부분이니 말이다. 활주로가 필요 없는 수직이착륙기는 아직 군에서만 쓰이는 첨단 장비이다. 헬기는 너무 비싸서 일반인은 무선조종 헬기 장난감 정도나 가질 수 있을 뿐이다. 더구나 공중비행은 육지 주행보다 많은 연료를 소모한다. 지금의 에너지 비용을 고려해보건대 날아다니는 자동차는 지금의 기술 및 경제력으로 조만간 이루어질 일은 아니다. 당분간 비행 자동차보다는 무인자동차가 이슈일 듯하다.

자동차가 날아다니는 것은 아직 먼 미래 이야기라고 해도, 영화에서 날아다니는 호버보드는 아주 어려워 보이진 않는다. 2014년 그레그 핸더슨Greg Henderson이라는 발명가가 만든 호버보드는 자기부상열차와 같은 원리를 사용한다. 쉽게 말해서 호버보드 아래에 자석을 달고 땅바닥에도 자석을 달아, 자석 사이의 반발력으로 띄우는 것이다. 물론 이런 자기력은 영구자석이 아니라 전기를 흘려 생성되는 전자석에서 얻는다. 즉, 아무 곳에서나 탈 수 있는 것이 아니고 금속판 위에서만 가능하다는 얘기이다. 언뜻 생각하기에 공기를 분출하는 호버보드가 가능할 것 같지만, 자칫 로켓이 되기 십상이다. 더구나 그만한 분사력을 얻으려면 등에 장비를 짊어져야 할 것이다.

영화가 잘못 예측한 미래의 모습에 기술적인 것들만 있는 것은 아니다. 애완견을 산책시키는 로봇은 우스개로 넣은 것이지만, 만들어질 것 같지 않다. 이럴 바에야 뭐하러 애완견을 키우겠나? 더구나 기계가 오작동하면 개판이 될 것이다. 비스킷만 한 건조피자를 '하이드레이터'란 기계에 넣어 패밀리 사이즈 피자로 만드는 기계도 나오는데, 맛이 없다면 무용지물일 듯하다.

〈개그콘서트〉의 「우주라이크」는 알약 음식에 지친 우주인들의 처절한 몸부림이 웃음을 자아낸다. 이런 알약이 실제 우주비행사들에게 지급되기는 하지만, 사람은 알약만으로 살 수 없다. 건강을 유지하기 위해서 치아와 위장이 적당히 운동을 해야 하기 때문이다. 모든 음식을 알약 몇 개로 만드는 것은 SF에 종종 등장하는 아이템이지만, 음식 씹는 기쁨을 너무 과소평가했다는 생각이다. 삼겹살 맛 나는 알약과 상추 맛 나는 알약을 삼키며 소주 한잔 찾을 사람은 없을 거다. 차라리 가상현실을 이용한 음식이 더 가능성이 있어 보인다.

1988년 6월, 권위 있는 물리학 저널에 마치 SF 같은 논문 한 편이 실렸다. 저자는 마이클 모리스Michael S. Morris, 킵 손Kip S. Thorne, 울비 유르트시버Ulvi Yurtsever이고, 논문 제목은 「웜홀, 타임머신, 작은 에너지 조건Wormholes, Time Machines, and the Weak Energy Condition」이었다. 킵 손이 쓴 그 유명한 타임머신 논문이다. 〈백 투 더 퓨처 2〉가 개봉되기 겨우 9개월 전이니까, 이 논문이 〈백 투 더 퓨처 2〉에 영감을 주기는 힘들었을 것이다. 하지만 이 논문의 아이디어는 〈인터스텔라〉에서 대박을 터뜨린다. 타임머신에 대해 심각하게 쓰인 정통 물리학 논문이 이것 말고 또 있는지 잘 모르겠다. 타임머신은 원래 물리적으로 불가능하기 때문이다.

사실 〈백 투 더 퓨처 2〉가 그리는 미래의 모습에서 결정적으로 실패한 예측은 다름 아닌 타임머신이다. 타임머신이 정말 미래에 존재한다면, 왜 우리는 타임머신을 타고 현재로 날아온 시간여행자를 보지 못하는 것일까? 물리학에서 시간은 대단히 이상한 존재(?)이다. 누구나 시간을 느끼며 산다. 지금 이 순간에도 시간이 흐르고(?) 있다. 필자가 이 글을 쓰는 지금과 당신이 이 글을 읽을 지금은 분명 시간적으로 다르다. 하지만 정확히 무엇이 다르다는 것인지, 대체 무엇이 흐른다는 것인지 확실히 말하기는 힘들다. 1초 전과 지금은 무엇이 다른가?

"시간의 본질이 무엇인가?"만큼 물리학자를 당혹하게 만드는 질문도 없다. 솔직히 말해서 물리학자들은 아직 정확한 답을 알지 못한다. 물리학의 아버지 뉴턴은 『프린키피아』에서 "수학적이며 진리적인 절대시간은 외부의 그 어떤 것과 상관없이 그것 자체로 흐른다"라고 썼는데, 그에게 시간은 절대적으로 존재하는 실체였다. 이게 뭐 대단한 생각이냐고 반문할 수도 있다. 하지만 당시 대부분의 사람에게 시간은 절대적 존재가 아니었다. 봄이 되면 한 해가 시작되고, 해가 뜨면 하루가 시작된다. 계절에 따라 해가 뜨는 시간이 바뀌니 시간도 바뀌는 셈이었다. 천문학을 연구하는 사람 정도 되어야 천체의 운동을 기준으로 객관적 시간을 생각할 수 있었다. 뉴턴은 자신의 절대시간을 지구의 자전, 공전을 바탕으로 하는 천문학적 시간과도 구분한다. 하루가 정확히 24시간이 아니고, 1

년이 정확히 365일도 아님을 알았기 때문이다. 뉴턴은 시간을 수학적인 존재로 본 것이다.

아인슈타인이 이런 수학적이고 절대적인 시간의 개념을 무너뜨린 것은 유명하다. 그의 상대성이론에 따르면 시간은 관측자의 운동에 따라 달라진다. 사실 상식적으로 이해하기에는 너무 어려운 말이라, 그 의미를 알려면 정신을 바짝 차려야 한다. 일정한 속도로 움직이는 관측자는 자신이 움직이는 것을 알지 못한다. 물론 실제의 세상에서 일정한 속도로, 즉 등속으로 움직이는 것은 매우 어렵다. KTX를 탔을 때, 열차가 아주 조금이라도 흔들리면 일정한 속도가 아닌 것이다. 진정한 등속운동을 느끼려면 우주 공간으로 나가야 한다. 우주비행에는 천문학적인 돈이 드니까, 간접 체험이라도 하려면 영화 〈그래비티〉를 보시라.

등속운동하는 모든 사람은 자신이 정지해 있다고 생각한다. 운동은 상대적인 거다. 내가 우주 공간에 있다고 해보자. 내가 보기에 일정한 속도로 움직이는 친구 우주인이 있다. 그 친구 입장에서는 자신이 정지하고 내가 움직이는 것으로 보인다. 물리적으로 둘 다 옳다. 여기까지는 갈릴레오도 알고 있었다. 자, 이제 상대성이론에 따르면 움직이는 물체의 시간은 느리게 간다. 내가 보기에는 친구의 시계가 느리게 가고, 친구가 보기에는 내 시계가 느리게 간다. 누가 옳은가? 둘 다 옳다. 대개 이쯤에서 사람들이 미치기 시작한다.

결국 우주에 표준시 같은 것은 없다. 시간이 장소에 따라 다르다는 말도 사실이 아니다. 시간을 측정하는 관측자가 지나온 과거 전체가 시간을 결정한다. 모르는 사람을 그 출신 학교나 학위, 이전 직업만으로 판단할 수 없는 거랑 비슷하다. 그 사람을 제대로 알려면 그 사람이 살아온 모든 과거를 알아야 한다. 시간도 그렇다는 거다.

이런 관점에서 시간여행이 무엇일까 다시 생각해보면 머리가 지끈거리기 시작한다. 여행이란 한 장소에서 다른 장소로 이동하는 것이다. 시간에는 절대 기준이 없는데, 한 순간에서 다른 순간으로 간다는 것은 무슨 뜻일까? 물리적으로 시간여행은 서로 다른 속도로 시간이 진행된 관측자들이 만나서 서로 시간을 비교하는 행위일 뿐이다. 두 사람이 처음에 시계를 맞추고 출발했을 때, 나중에 다시 만나서 보면 시계가 가리키는 시각이 서로 다르다. 시계가 느리게 간 사람은 시계가 빠르게 간 사람의 입장에서 과거에 해당하고 그 반대는 미래에 해당한다. 하지만 이것은 비교를 해서 나온 결과일 뿐 두 사람 모두 자신의 시간이 올바른 시간이라고 생각한다.

상대성이론은 시간이 관측자에 따라 다른 속도로 진행한다고 주장하는데, 속도만 다를 뿐 진행 방향은 정해져 있다는 것이 중요하다. 시간은 증가하기만 한다. 즉 관측자가 시간을 되짚어 돌아가는 것은 절대로 할 수 없다는 것이다. 따라서 〈백 투 더 퓨처 2〉에서처럼 마티가 30년 후의 미래로 가는 것은 가능하다. 마티가 탄 타임머신 내부의 시간은 1초 흘렀지만 타임머신 밖의 세상은 30년이 지난 것에 불과하다. 여기까지는 물리적으로 괜찮다. 물론 이런 엄청난 시간 차이를 얻기 위해서는 타임머신이 어마어마한 속도로 움직여야 한다. 지구의 모든 자원을 다 끌어와도 이런 속도를 얻기는 불가능할 거다. 아무튼 원리적으로는 가능하다.

그렇다면 〈백 투 더 퓨처 2〉는 과학영화인가? 아니다. 영화에 시간여행과 관련하여 큰 오류가 하나 있다. 30년 뒤의 세상에는 2015년을 사는 또 다른 마티가 없어야 한다. 마티는 타임머신을 탔고, 그 상태로 시간이 느리게 흐른 뒤 타임머신에서 내렸다. 결국 마티는 30년 전에 행방불명되었어야 한다. 영화 후반부에 과거로 돌아가는 내용이 나오는데, 이것은 물리학적으로 불가능하니 논외로 하겠다.

1990년 우리는 〈백 투 더 퓨처 2〉를 SF라고 생각하며 보았다. 하지만 불과 30년 만에 영화 속의 많은 내용이 현실이 되었다. 물론 상상으로 남은 상상도 많다. 당시의 상상이 주로 물리학적인 내용이라는 것이 흥미롭다. 이제 다시 30년 후를 상상한다면 어떤 모습이 예상되는가? 생명과학적인 예측이 많을지도 모른다. 물론 지금과 같은 기술 발전 속도라면 10년 뒤도 예측하기 힘들지만 말이다.

2000년 1월 나는 그 여학생과 다시 만나지 못했다. 1993년 여름, 그녀의 결혼 소식을 듣고 망연자실했던 순간이 떠오른다. 10년은커녕 3년 후도 예측 못 한 것이다. 2000년이 되었을 때, 그녀와의 약속이 떠올랐다. 그녀의 행방은 알 길 없었고, 이미 나도 이 세상 최고의 여자와 결혼한 다음이었다. 지금 내가 타임머신을 타고 1990년 1월로 돌아가서 데이트를 하더라도, 10년 후에 만나자는 약속을 다시 할 것 같다. 그것이 이루어지지 못할 것을 알지만 말이다. 시간이 무엇인지는 모르겠지만, 아름다운 추억은 영원히 남는 것이니까.

김상욱의 과학공부

# 달은 낙하하고 있다

영화 〈그래비티〉는 참 이상하다. 모든 내용이 과학적인 사실만으로 구성되었음에도, 어떤 SF보다 비현실적인 느낌을 준다. 〈그래비티〉는 SF가 아니라 재난영화란 말이다. 이런 비현실적 현실이 심사위원들을 감동시켰는지 2014년 아카데미상 7개 부문의 상을 석권했다. 그런데 〈그래비티〉를 본 사람들이 공통적으로 물어보는 것이 있다. 우주인들이 왜 지구로 떨어지지 않느냐는 것이다. 이 질문에 답하기는 생각보다 쉽지 않다.

답을 하기 위해서는 우선 두 가지 사실을 알아야 한다. 첫째, 질량을 가진 모든 물체는 서로 당긴다. 중력이라 불리는 힘 때문이다. 둘째, 가속하는 물체는 가속 반대 방향으로 힘이 작용한다고 착각을 하게 된다. 이를 관성력이라 부른다. 급정거하는 버스에서 몸이 앞으로 쏠리는 이유이다. 사실 몸이 앞으로 쏠리지만 그 방향으로 작용하는 힘은 실제 존재하지 않는다. 그런 힘이 있다고 착각하는 거다.

자, 이제 질문에 대한 답을 해보자. 우주인들은 왜 지구로 떨어지지 않는가? 답: 우주인들은 지구로 떨어지는 중이다. 무슨 소리야? 공중에 둥둥 떠 있지 않은가? 이것은 달이 지구 주위를 도는 것과 비슷한 이치이다. 달도 지구로 낙하하고 있다. 지상에서 떨어지는 사과와 다른 점이 있다면 초기에 (왜 그랬는지는 모르지만) 지구 표면과 나란하게 던져졌다는 것이다. 그렇다면 달은 날아가며 동시에 낙하한다. 지구가 편평하다면 달은 결국 땅에 닿는다. 하지만 지구는 둥글다. 달이 표면에 수평하게 날아가며 지구 표면에 가까워지지만, 달이 지구로 떨어지는 정도와 지구의 곡률이 일치하면 지구 표면에 도달하지 못한다.

그럼 인공위성은 왜 하늘에 떠 있을까? 인공위성도 마찬가지로 낙하하는 중이다. 낙하한다는 것은 지구를 향해 가속한다는 거다. 사과를 놓으면 아래 방향으로 속도가 점점 커진다는 얘기이다. 급정거하는 버스로 설명한 것처럼 가속하면 관성력이 생긴다. 인공위성의 경우 공교롭게도 낙하의 가속운동에서 생기는 관성력이 중력과 정확히 크기가 같고 방향이 반대가 된다. 관성력과 중력이 비겨서 힘이 없는 것처럼 되는 것이다. 인공위성 내부에서 무중력이 되는 이유이다. 그럼 이제 〈그래비티〉의 우주인들이 무중력 상태에 있는 이유를 알았으리라. 이들은 낙하하는 중이고 따라서 중력을 느낄 수 없다.

여전히 어렵다고 느껴질 수 있겠다. 이러니 물리를 그만둔다고 투덜거릴 사람도 있을 거다. 하지만 사람들이 바로 이걸 이해하지 못했기에 갈릴레오가 죽을 뻔했다. "그래도 지구는 돈다"라고 갈릴레오가 말했을 때, 그는 지구의 공전을 이야기한 것이다. 태양이 중심에 있고 지구가 그 주위를 돈다는 주장이다. 이에 대해 당시 사람들은 조소를 던졌다. 지구가 움직이는데 왜 우리는 지구의 움직임을 느끼지 못하는가? 마차를 타면 마차의 움직임은 누구나 느낄 수 있지 않은가.

지구가 움직이는 것을 느끼지 못하는 것은 지구가 태양으로 낙하하고 있기 때문이다. 따라서 지구에서는 태양의 존재를 느낄 수 없다. 태양에 관한 한 우리는 무중력 상태에 있는 것이다. 사실 지구는 태양 주위를 시속 1만 7,000킬로미터라는 어마어마한 속도로 움직이고 있다. 소리보다 빠르지만 우리는 느끼지 못한다. 갈릴레오를 비웃던 사람들이 알아야 할 사실이다. 이걸 이해하지 못하면 천동설을 벗어날 수 없다는 것만 알아두자. 태양도 정지한 것이 아니다. 태양은 우리 은하의 중심으로 낙하하고 있다. 달은 지구로, 지구는 태양으로, 태양은 은하중심으로 낙하 중이고, 그 효과들은 모두 중력과 상쇄되어 느껴지지 않는다. 하지만 지구상에 발을 딛고 서 있는 우리 인간은 낙하하지 않기 때문에 중력을 느낀다.

〈그래비티〉가 주는 평범하지만 심오한 교훈이다. 중력이 버겁다고 느껴지면 뛰어내리면 된다. 인생도 마찬가지이다. 몸을 허공에 내맡기면 자유로워진다.

# 하수구 속 호랑이굴

칠흑같이 어두운 밤, 경찰이 거리를 순찰하고 있었다. 그런데 만취한 사람이 가로등 아래에서 비틀거리며 무언가를 찾고 있는 것이 아닌가.

경찰: 무얼 찾으시죠? 도와드릴까요?

취객: 떨어뜨린 지갑을 찾고 있소.

경찰: 어디에서 흘렸는지 기억나시나요?

취객: (멀리 어두운 쪽을 가리키며) 저기 하수구 근처인 듯한데.

경찰: 아니 그럼 그쪽으로 가셔야지, 왜 이 가로등 아래서 지갑을 찾고 있는 겁니까?

취객: 저기는 어둡지만, 여기는 가로등이 있어 밝지 않소.

최근 전 세계의 과학계가 더 분발해야 한다는 목소리가 많다. 진짜 중요한 문제를 해결하려 애쓰기보다 당장 눈앞에 보이는 결과만을 얻는 데 급급하다는 지적이다. 많은 관심을 받는 이슈는 밝은 가로등이 비추고 있는 지역과 같다고 할 수 있다. 사실 중요한 문제는 저 어두운 하수구에 있다는 것을 알면서도 누구도 가로등 밑을 떠나지 않는다. 매년 연구 성과를 내야 하고, 교수가 되거나 인정받으려면 유명 저널에 논문을 실어야 하는 상황에서 어둠 속으로 문제를 찾아 떠나는 것은 무모하고 어리석은 짓이다.

가로등 아래에서는 모든 것이 다 드러나 있기 때문에 경쟁이 치열하다. 그러다 보니 섣부른 결과가《네이처Nature》,《사이언스Science》에 실리고 얼마 지나지 않아 잘못임이 드러나는 일이 잦아지고 있다. 연구도 인간이 하는 것이니 실수가 있는 것은 당연하다. 사실 과학은 위대한 실수들의 역사라고 할 수 있다. 하지만 원하는 결론에 섣부른 연구 결과를 끼워 맞추는 식의 연구는 과학 발전에 아무런 도움이 안 된다.

공산주의의 몰락은 경제에서 최소한의 경쟁이 필요하다는 것을 보여주었다. 하지만 과학의 발전에서 정말 중요한 것은 눈앞의 결과에 대한 경쟁이 아니라, 가로등 밑을 벗어나 어둠

속으로 뛰어드는 용기일지 모른다. 매년 논문을 몇 편이나 썼는지 과학자들을 다그치는 것은 이제 그만하자. 대신, 얼마나 어둠 속을 헤매고 다녔는지 물어보고, 지갑을 찾을 때까지 기다려줘 보면 어떨까? 속담에도 있듯이 호랑이를 잡으려면 누군가 호랑이굴에 들어가야 한다. 아직 호랑이를 못 잡았다고 해도 밖에서 떠드는 사람들보다는 호랑이굴에 들어간 사람이 더 낫지 않은가?

---

물리학이란 2

사실 물리보다 수학이 더 심오하다.
물리보다 생물이 더 경이롭다.
물리보다 공학이 더 쓸모 있다.
물리보다 예술이 더 아름답다.
물리보다 노는 게 더 재미있다.
물리보다 섹스가 더 흥분된다.
하지만 물리가 최고다.
왜냐하면 물리는 동시에 심오하고 경이롭고 쓸모 있고
아름답고 재미있고 흥분되기 때문이다. (양자중첩)

---

제2장

대한민국 방정식

# 카나리아의 죽음

1986년부터 영국의 탄광에서는 더 이상 카나리아를 사용하지 않게 되었다. 새는 일반적으로 호흡과 대사 속도가 빠르고 크기가 작아서 유독가스에 인간보다 빠르게 반응한다. 카나리아는 이산화탄소에 민감한 새다. 이 때문에 광부들이 카나리아를 보고 닥쳐올 위험을 미리 감지한다. 카나리아에게는 안된 일이지만, 덕분에 많은 인간의 생명을 구했으리라. 과학기술의 발전으로 이제는 기계가 카나리아를 대체하게 되었다.

시인을 가리켜 탄광의 카나리아라고 한다. 시인은 단어 하나를 정의하는 데에도 우는 매미만큼이나 치열하다. 매미는 땅속에서 7년을 살고, 세상에 나와 한 달 만에 죽으니 그 울음에는 피 토하는 치열함이 가득할 수밖에 없다. 시인은 단어 하나를 설명할 때에도 치열하다.

> 용서할 수 없고 인정할 수 없고 납득할 수도 없는 상황에 대하여 치가 떨리고 노여운 것은, 상황 그 자체보다는 그 배후에 도사린 잘못된 태도를 보았기 때문이다. 그릇됨을 응축하고 있는 자세. 그것을 볼 줄 알 때에 우리는 분노하며 운다.

김소연 시인의 『마음사전』에 나오는 '분노'의 정의 중 일부이다. 사물이나 세상을 대할 때에도 시인은 유난히 예리한 촉을 사용한다. 세상이 잘못되고 있다면, 그들은 탄광의 카나리아같이 먼저 질식하기 십상이다. 사회의 그 누구보다 예민하기 때문이다.

2015년 8월 17일 부산대학교 교수가 투신자살하였다. 일신상의 이유가 아닌 사회적 이유로 국립대 교수가 목숨을 던진 것은 처음이라 대학 사회에 큰 파문을 일으켰다. 부산대는 바로 내가 일하는 장소이기도 하다. 당시 나는 가족과 함께 휴가를 즐기고 있었기에 죄스런 마음마저 들었다. 故 고현철은 부산대 국어국문학과 교수이자 시인이었다.

그가 스스로 목숨을 내던져 지키려 한 국립대 총장직선제는 1987년 민주화항쟁으로 쟁취한 것이다. 하지만 이명박 정부에서 교묘한 방법으로 직선제를 폐지하기 시작했다. 정부의 재정지원 사업에 총장직선제 폐지 여부를 평가지표로 넣은 것이다. 실제 2012년 교육역량강화사업에 지원한 국립대 가운데 탈락한 4개 대학의 공통점은 직선제 폐지를 거부했다는 것이었다. 이는 직선제 폐지에 대한 정부의 강한 의지를 보여준 것으로 이해되었다. 결국 4개 대학은 직선제를 폐지하기로 학칙을 개정한다.

2011년 교과부는 교육공무원임용령을 개정했다. 직선제로 선출해오던 단과대학 학장을 총장이 임명하도록 바꾼 것이다. 대학의 최소 단위는 학과이다. 학과들의 의견이 단과대학별로 모이면, 이를 갖고 단과대학 학장들이 학장회의에 모여 결정하는 것이 대학 의사결정의 큰 틀이다. 이제 학장을 총장이 마음대로 임명할 수 있으니 총장만 되면 대학 전체를 좌지우지할 수 있다.

이런 상황에서 교육부는 총장간선제를 밀어붙이고 있다. 2014년 간선제로 총장후보 2인을 뽑은 경북대의 경우, 교육부가 이유도 밝히지 않은 채 임명을 미루고 있는 실정이다.

후보자를 재추천하라는데, 이는 선거를 다시 하라는 말이나 다름없다. 코드가 맞는 인사가 아니면 임명하지 않겠다는 것인지 알 수가 없다.

2011년 부산대 총장선거는 직선제로 치러졌다. 선거로 당선된 1~3위 후보자 모두가 부정선거로 약식기소되는 초유의 사태가 벌어졌으며 결국 선거 결과는 무효화되었다. 재선거가 치러졌고, 직선제 사수를 공약으로 내건 김기섭 교수가 총장으로 당선되었다. 하지만 김 총장은 자신의 공약을 뒤집고 직선제를 폐지하였고, 이에 반발한 교수들이 210일간 총장실을 점거한다. 그 이후 교수들의 직선제 회귀 요구와 김 총장의 약속과 번복이 반복되는 지루한 공방이 이어졌다. 2014년 12월 치러진 교수투표에서는 83.9%가 직선제를 지지한 바 있다. 결국 김 총장은 2015년 8월 4일 직권으로 간선제를 결정했고, 교수회장은 단식농성에 들어갔다. 그러던 중 8월 17일 故 고현철 교수의 죽음으로 상황이 급변하게 된 것이다.

故 고현철 교수가 목숨을 던진 것은 총장직선제 자체 때문만은 아니었다고 생각한다. 그의 유서는 이렇게 끝맺는다.

대학의 민주화는 진정한 민주주의 수호의 최후의 보루이다. 그래서 중요하고 그 역할을 부산대학교가 담당해야 하며, 희생이 필요하다면 그걸 감당할 사람이 해야 한다. 그래야 무뎌져 있는 민주주의에 대한 의식이 각성이 되고 진정한 대학의 민주화 나아가 사회의 민주화가 굳건해질 것이다.

총장직선제에도 분명 장단점이 존재한다. 나 자신도 직선제가 갖는 폐해를 직접 보아서 알고 있는 터라 직선제 수호를 마냥 지지하는 입장은 아니었다. 문제는 직선제를 폐지하고 간선제를 추진하는 방식이 비민주적이다 못해 강압적이었다는 것이다. 교육공무원법 24조 3항에 따르면 "해당 대학 교원의 합의된 방식과 절차에 따라" 총장을 선출하도록 되어 있다. 교육부는 재정지원을 무기 삼아 대학들이 합법적(?)으로 직선제를 포기하도록 압박하고 있는 것이다. 이는 명백한 월권행위이다. 김소연 시인의 '분노'의 정의에서 보듯이 "그 배후에 도사린 잘못된 태도"가 교수들을 분노하게 만든 것 아닐까?

부산대는 故 고현철 교수의 죽음 이후 총장직선제로의 회귀를 결의하고, 2015년 11월 17일 직선제 선거를 통해 총장을 선출하였다. 2016년 5월 12일 교육부는 결국 직선제 총장을 임명하였다. 故 고현철 교수의 죽음이 총장직선제를 지켜낸 것이다.

  故 고현철 시인은 대학, 아니 우리 사회의 카나리아였다. 탄광의 카나리아가 죽었을 때, 광부들은 재빨리 조치를 취해야 한다. 우리는 세월호 참사를 보고도, 그 많은 비민주적인 사건들을 보면서도 무감각해졌거나 애써 외면해왔는지도 모르겠다. 하지만 카나리아가 죽었다. 부산대의 총장직선제는 지켜냈지만, 대학 민주화, 아니 우리 사회의 민주화는 이제 다시 시작점이다. 카나리아가 죽는 것을 보고도 가만 있는 광부의 운명은 불 보듯 뻔하다.

# 상아탑 위 바벨탑

교수: 소우, 디스 이즈 더 모스트 임포튼 컨셉 인 디스 렉쳐
　　　투데이. 애니 퀘스쳔?

학생들: …

교수: 우리말로 해도 좋으니 질문해 보세요.

학생: 근데 저 위에서요…


　대한민국 어느 대학의 흔한 강의실 풍경. 학생, 교수 모두 한국어를 모국어로 하는 토종 한국인이다. 하지만 수업은 영어로 진행된다. 강의실에 질문은 원래부터 없었지만, 이제 웃음마저 사라졌다. 정확히 언제부터인지 모르겠다. 하긴 우리나라에서 이런 일들은 갑자기 그리고 한순간에 일어나니까 말이다. 평생을 죽도록 공부하고도 영어 한마디 못하는 모습

이 한심했을까? 아니면 외국인 앞에서 말 한마디 못하고 주눅 드는 것이 한恨이 되었을까? 영어를 잘할 수 있는 특단의 대책이 필요하다는 생각이 갑자기 우리 모두를 사로잡았다. 영어 유치원은 자리가 없어서 못 들어가고, 초등학생도 "하우 아 유?"에 "아임 파인. 땡큐"가 튀어나온다. 영어에 대한 이런 범국민적 몰입과 '오렌지'가 아니라 '아륀지'가 옳다는 정책이 결합하여 역사상 유례가 없는 영어지상주의가 탄생한 것이다.

대학도 영어의 쓰나미를 피해갈 수는 없었다. 많은 강의를 영어로 하는 것은 이미 상식이고 모든 강의를 영어로 하는 대학도 있으며, 외국인 교수가 없는 대학은 촌스러운 학교가 되었다. 몇 퍼센트의 강의가 영어로 진행되는지, 외국국적 교수가 몇 명인지 하는 것들이 이른바 '국제화'라는 이름으로 점수화되어 대학 평가의 중요한 잣대로 자리 잡은 지 오래이다. 교수는 영어로 강의하면 교수업적평가에서 가산점을 받고, 인센티브로 돈도 받는다. 교수들끼리 하는 농담 하나, "학생들 영어 실력은 모르겠지만 이런 노력을 통해, 교수들 영어 실력은 좋아질 것이다." 이제는 우리가 한국말로 이야기하는 것이 어색하게 느껴질 지경이다.

영어로 유창하게 강의할 수 있는 교수가 실제로 많지 않은 탓에, 많은 대학에서 영어강의는 신임교수들의 몫이다. 신임교수의 영어가 뛰어나서라기보다는 시키면 안 할 수 없으니 그런 거다. 많은 대학들이 영어강의를 하는 조건으로 교수를 채용하기 때문에 신임교수들은 좋든 싫든 영어강의를 할 수밖에 없다. 하지만 영어가 아무리 유창하다고 한들 모국어가 아닌 이상 우리말로 하는 것보다 강의의 질이 떨어질 것은 불보듯 뻔하다. 학생의 경우는 문제가 더욱 심각하다. 우리말로 해도 알아들을까 말까 한 내용을 콩글리시로 듣고 있자니 이해는커녕 흥미마저 잃어버린다. 내국인이 진행하는 영어강의의 공통점은 농담이 없다는 것이다. 준비 없이 영어로 농담을 하기도 어렵거니와 설사 농담을 해도 알아듣기가 쉽지 않기 때문이다.

도대체 이것은 무엇을 위한 영어인가? 양자역학을 영어로 강의하라는 것은 양자역학과 영어라는 두 마리 토끼를 잡으려는 의도겠지만, 아무리 생각해봐도 어리석은 아이디어이다. 우리말로 차근차근 설명하고, 수많은 예를 들어가며 그 철학적 함의를 설명해도 이해하기 힘든 것이 양자역학이다. 영어를 모국어로 하지 않는 사람에게 이것을 영어로 가르치도록 하는 것이 현명한 일일까? 더구나 영어공부의 측면에서 보더라도 결국 영어 비전문가가 영어를 가르치는 셈이다. 물리학과 교수에게 중고생 자녀의 영어 과외를 맡길 사람은 없을 것이다. 한 시간 강의로 영어와 양자를 한번에! 이거야말로 교육을 비즈니스의 일종으로 생각하는 이 시대의 어리석은 자화상이 아닐 수 없다.

물리학자에게 영어가 중요한 것은 반박할 수 없는 사실이다. 하지만 영어를 잘하기 위해 물리학자가 물리를 희생해야한다면 뭔가 심각하게 잘못된 것이다. 비타민이 건강에 좋다고 해서 밥 대신 비타민만 먹을 수는 없지 않은가? 천재 물리학자 리처드 파인먼Richard P. Feynman은 브라질에서 학생들을상대로 강의를 한 적이 있다. 미국인이었던 파인만은 영어가아닌 포르투갈어로 강의를 한다. 다음은 그가 설명하는 이유이다.

처음에는 강의를 영어로 하려고 했지만, 곧 뭔가를 깨달았다. 학생들이 나에게 포르투갈어로 설명을 하면 내가 어느 정도 포르투갈어를 아는데도 이해하기 어려웠다. (…) 그러나 그들이 영어로 더듬대며 말할 때는, 발음이 엉망이고 문법이 엉터리여도 그가 무슨 말을 하는지알 수 있었다. 그래서 그들에게 말을 하거나 가르치려면 엉터리라도포르투갈어를 쓰는 게 좋다고 생각했다. 이렇게 하는 것이 그들이 이해하기 쉬울 것이다.

_리처드 파인먼, 『파인만 씨, 농담도 잘 하시네』

21세기 대한민국의 대학은 바벨탑을 쌓고 있는지도 모른다. 하늘에 닿으려면 바벨탑이라도 쌓아야겠지만, 과연 영어만으로 하늘에 닿을 수 있을까? 영어를 잘하는 것은 성공한 과학자가 되기 위해서 중요한 바탕이 된다. 하지만 훌륭한 과학자가 되기 위해 반드시 필요한 것은 우선 과학을 잘하는 것이다. 미국에서는 거지도 영어를 잘한다. 과학자의 공식 언어가 영어라고 잘못 아는 사람이 많지만, 과학자의 공식 언어는 이른바 broken English, 즉 엉터리영어이다.

필자가 독일의 연구소에서 근무할 때 참석한 파티에서 있었던 일이다. 영국, 일본, 카메룬, 러시아, 독일 등 여러 나라 사람들이 참석한 다국적 파티였다. 한참 흥이 오르는데 누군가 이런 이야기를 했다. "다른 사람들 영어는 다 알아듣겠는데, 영국 녀석 영어는 정말 알아듣기 힘들다. 좀 제대로 발음을 해봐라." 물론 영국에서 온 친구를 놀리는 의미도 있지만, 이미 영어는 그 언어의 고향인 미국, 영국을 뛰어넘는 언어로 자리매김하고 있다는 것을 보여주는 우스개이다. 공식 언어는 말 그대로 공식 언어이다. 서로 의사전달이 되면 충분하다.

사실 과학의 진짜 언어는 엉터리영어도 아니다. 과학은 우주를 이해하려는 학문인데, 우주의 언어는 물리학이고 이는 수학으로 쓰인다. 수학이라는 문법은 때로 우주가 가질 수 있는 모습을 제한하거나 어떤 모습을 가져야 한다고 강제하기까지 한다. 당신은 왜 영어공부를 하는가? 다른 나라 사람들과 대화를 하기 위해서? 그래서 세상에 대해 더 많이 이해하려고? 지구의 모든 생명체를 포함하여 모든 무생물, 나아가 우주의 모든 '것'에 통용되는 언어는 물리이다. 물리를 통해 우주 전체를 이해할 수 있다는 말이다.

우리나라 사람들이 영어에 들이는 노력은 눈물겹다 못해 처절하기까지 하다. 대학 도서관에는 전공서적보다 영어책 보는 학생이 더 많다. 영어는 지구라는 작은 행성에서 불과 수천 년 동안 호모 사피엔스 종의 일부가 사용한 언어에 불과하다. 영어에 들이는 시간의 10%만이라도 우주의 언어인 물리와 수학을 위해 써보면 어떨까?

# 공부의 신

2010년 〈공부의 신〉이라는 드라마 때문에 난리가 났었다. 일본 만화 『최강입시전설 꼴찌, 동경대 가다!』가 원작인데, 변호사 출신 교사가 공부 못하는 문제아들을 변화시켜 최고의 명문대에 입학시킨다는 스토리이다. 평균 시청률이 23.7%에 달했으며 마지막 회의 시청률은 26.8%였다. 변호사 출신 교사 역을 맡은 김수로는 그 해 〈KBS 연기대상〉 우수상을 받기도 했다. 학원물이라는 특수 장르의 드라마가 전 국민적인 인기를 누린 비결은 무엇일까?

대한민국에는 종교의 자유가 있다. 하지만 사실상 국교國教가 하나 있으니, 그것은 이른바 공부교工夫教이다. 우리 모두 공부를 통해 구원을 받고자 하며, 자녀의 공부를 위한 일이라면 어떤 희생도 감수할 준비가 되어 있다. 공부에 대한 종교적 열정의 정점에는 대학 입시라는 최후의 심판이 버티고 있다. 수능 시험문제의 오류가 뉴스 헤드라인을 장식하고, 수능 당일 영어 듣기평가 때문에 지하철이 저속으로 운행함은 물론, 항공기 이착륙 시간도 조정된다. 만약 대학 입시에서 대규모 부정이 저질러진다면 대한민국은 한국전쟁 이래 최대의 국가 위기상황에 처할지도 모른다. 〈공부의 신〉은 공부에 대한 우리 국민의 기이한 열정을 바탕으로 승승장구한 것 아닐까?

표준국어대사전에 의하면 공부는 '학문이나 기술을 배우고 익히는 것'이다. 학문이나 기술을 익히는 데 종교적 열정을 가진 우리가 왜 아직 과학 분야 노벨상 수상자를 한 명도 배출하지 못하고, 과학교과서에는 한국인의 이름이 붙은 법칙이 하나도 나오지 않는 걸까? 〈공부의 신〉 1편에 나온 명대사로부터 단서를 얻을 수 있다.

너희 같은 놈들이 머리 좋은 놈들, 똑똑한 놈들에게 당하지 않으려면, 속지 않고 패배하지 않으려면 방법은 딱 한 가지뿐이다. 공부, 공부뿐이다.

그렇다. 앞의 질문에 대한 답은 의외로 간단한데, 우리는 공부를 할 때 제사보다 젯밥에만 관심을 가지기 때문이다. 공부를 왜 하는가? 출세하려고 하는 거다. 따라서 출세에 도움이 되지 않는 학문이나 기술은 이미 공부의 대상이 될 수 없다. 이렇게 본다면 공부교가 아니라 '출세교'라 하는 것이 맞을지도 모르겠다. 우리가 진작부터 학문 그 자체를 위해 그런 노력을 기울였다면 상황이 많이 바뀌지 않았을까?

　일본인 수학자 히로나카 헤이스케広中平祐의 에세이『학문의 즐거움』을 보면 공부를 왜 하는지, 어떻게 해야 하는지에 대한 이야기가 나온다. 책의 저자는 시골 장사꾼의 아들로 태어나 학문과는 별로 상관이 없어 보이는 인생을 살아간다. 유년학교 시험에 낙방하고, 대학 입시 일주일 전까지 밭에서 거름통을 나르고 있었지만, 끈기 있게 학문을 추구하여 결국 수학의 노벨상이라는 필즈상을 수상하게 된다. 공부의 신이라 할 만한 저자는 왜 학문이 즐겁다고 했을까?

　창조하는 인생이야말로 최고의 인생이다.

　평범한 물리학자인 필자 역시 안 풀리던 문제가 풀리는 순간의 벅찬 희열을 알고 있다. 비록 아주 작은 것일지라도 새로운 발견을 하게 되었을 때 온몸을 휘감는 전율은 과학에 발을 들여놓은 사람에게 마약과도 같다. 학문은 이러한 새로운 발견, 바로 창조를 위한 기나긴 과정이고, 이 과정을 통해 최고의 인생을 이룰 수 있으니 학문이 왜 즐겁지 않겠는가? 학문이라는 것이 무언가 창조하는 것이어야 한다고 생각하는 사람들에게 〈공부의 신〉에 나오는 다음과 같은 대사는 절망으로 다가온다.

주입식 교육이야말로 교육의 정의다. 모르는 것은 외워! 외워! 외워!

필자도 고3 수험생 생활을 겪었다. 새벽별을 보며 등교해서 온 가족이 잠든 시간에 귀가하는 일이 다반사였던 것으로 기억한다. 우리 모두 아는 바와 같이 위의 대사에 틀린 것은 없다. 모르면 외워야 한다. 하지만 무엇을 위해서? 이쯤 되면 학문을 추구하는 과정이라던 공부에 그 목적은 사라지고 행위만이 남는 셈이다.

'물리의 신'이 누구인지 주위 물리학자들에게 물어보면 대개 뉴턴과 아인슈타인을 꼽는다. 사실 뉴턴은 광학의 아버지라 할 수도 있는데, 빛의 분광학적 성질을 처음 알아낸 것이 뉴턴이기 때문이다. 빛을 프리즘에 통과시키면 무지개색으로 쪼개어진다. 또 하나의 프리즘을 거꾸로 준비하여 쪼개어진 빛을 다시 통과시키면 빛은 백색광으로 되돌아온다. 오늘날은 중학생 정도면 알 수 있는 사실이지만, 이런 실험을 처음 해본 사람이 바로 뉴턴이었다.

빛이 여러 가지 색으로 구성되어 있다면, 우리가 보는 색이란 결국 물질이 빛의 각 색깔 성분을 선택적으로 흡수, 반사하기 때문에 생긴다는 결론에 도달할 수 있다. 프리즘이라는 유리 쪼가리 두 개로 세상에 색깔이 존재하는 이유를 알게 된 것이다. 이것을 뉴턴이 처음 깨달았을 때, 어떤 기분이었을지 상상해보면 학문의 즐거움이 무엇인지 조금은 짐작이 가지 않을까?

'전자기의 신'인 맥스웰 역시 광학에 기여한 바가 있다. 물론 전자기파의 발견을 말하려는 것은 아니다. 빛의 삼원색을 이용하여 컬러 사진을 만드는 방법을 알아낸 사람도 바로 맥스웰이다. 삼원색의 혼합 비율에 따라 색이 어떻게 바뀌는지를 조사하여 색의 삼각형을 만들었는데, 이를 위해 수천 명의 사람들을 인터뷰하며 자료를 모았다고 한다. 맥스웰의 집을 방문한 사람은 이런저런 색깔을 보여주며 질문하는 맥스웰 부부의 시달림(?)을 받아야 했다. 말이 수천 명이지, 좋아서 하는 게 아니고서야 틈나는 대로 10여 년 가까이 자발적으로 이런 일을 할 사람이 있을까?

학문은 창조를 위한 일이고, 창조하는 인생이야말로 최고의 인생이다. 학문하는 것을 공부라 한다. 때로 공부가 힘들고 지루할 때가 있지만, 창조의 희망을 가지고 버티는 것이 학자들이다. 왜냐면 그것이 즐거움이니까. 수능에서 만점을 받는 사람이 공부의 신이라면 우리는 니체의 명언을 떠올려야 할 것 같다. "신은 죽었다."

이론물리학자의 위엄

이론물리학자에게 100자 원고지 20매 분량의 원고를 청탁했다. 100자 원고지는 없다. '200자 원고지 20매'의 오타이다.

그 이론물리학자는 200자 원고지 10매 분량의 원고를 보내왔다.

# 실탄이 장전된 총

1961년 1월 23일 B-29 폭격기가 미국 노스캐롤라이나 주 골즈버로 상공에서 고장을 일으켰다. 문제는 이 폭격기가 탑재한 것이 '마크-39'라는 수소폭탄 두 개였다는 점이다. 투하장치가 작동되어 폭탄은 지상으로 떨어졌고, 그중 하나는 격발장치까지 작동되었다. 네 개의 안전장치 가운데 세 개가 작동하지 않았지만, 다행히 하나가 제대로 작동하는 바람에 끔찍한 재앙을 막을 수 있었다.

이 수소폭탄의 위력은 히로시마에 투하된 원폭의 260배. 만약 폭발했다면 워싱턴, 볼티모어, 필라델피아, 뉴욕에 엄청난 인명 피해가 있었을 것이다. 역사의 방향이 바뀌었을지도 모른다. 이러한 사실은 미국 샌디아 국립연구소의 기밀문서가 해제되면서 일반에 알려졌다. 그동안 미국 정부는 핵무기의 관리 잘못으로 미국인들을 위험에 빠뜨린 일이 없었다는 말만 되풀이해왔다.

일본 후쿠시마 원전사고 처리에 대한 일본 정부의 태도도 이와 크게 다르지 않다. 한마디로 안전하니 걱정할 필요가 없다는 것이다. 2013년 9월 19일에는 아베 총리가 후쿠시마 원전을 방문하여 오염수가 완벽하게 관리되고 있다는 주장을 되풀이했다. 하지만 2013년 8월 29일자 《네이처》에 따르면 오염수 유출이 심각한 상황임에 틀림없어 보였다. 일본의 후쿠시마 원전은 일본 정부가 아니라 '도쿄전력'이라는 민간 기업이 관리하고 있기 때문에, 아무 문제없다는 아베 총리의 주장이 일본 정부의 판단이 아닐 수 있다는 것이 더 큰 문제이다.

우리나라 원전도 관리에 문제가 있음이 드러났다. 부품 납품 과정에서 온갖 비리가 저질러졌으며 수많은 안전 점검 과정이 무시되었다. 여기에 검은 돈이 개입되었음은 물론이다. 그동안 원전의 안전성에 대해 걱정하지 말라고 주장하던 정부였기에 원전부품 비리사건은 모두에게 큰 충격을 주었다. 원전 바로 옆에서 살고 있는 부산 사람으로서 이런 뉴스가 주는 불안감은 한결 더하다.

사람들은 과학이라고 하면 완벽하게 작동하는 것으로 여기는 경향이 있다. 고등학교 물리시간을 돌이켜보면 온통 수학 공식으로 푸는 문제들뿐이지 않은가? 공중으로 던진 공은 수학 공식에 따라 5초 후에 어디에 있을지 완벽하게 예측할 수 있다. 이것을 못 풀면 대학에 갈 수 없다. 하늘을 나는 비행기를 보라. 수십만 개의 부품이 한 치의 오차도 없이 작동하지 않는가? 물론 정비 불량 때문에 자동차 사고가 나기도 하지만, 이것은 부주의한 개인의 잘못이다. 수십 번 확인하고 점검하는 비행기 같은 것이 정비 불량으로 사고가 날 일은 거의 없다. 사고가 난다면 이것은 인재人災일 수밖에 없다. 누군가 실수했기 때문이라는 얘기이다.

과학이 완벽하다는 신화는 라플라스Pierre Simon Laplace까지 거슬러 올라간다. 뉴턴의 법칙에 따르면 우주의 미래는 결정되어 있다. 우리가 할 일은 초기조건을 정확히 알고 이로부터 미래를 계산하는 일뿐이다. 따라서 미래는 완벽하게 예측가능하다는 것이 라플라스의 주장이다. 하지만 이제 우리는 라플라스가 옳지 않다는 것을 안다. 유체流體나 생명체와 같이 서로 상호작용하는 복잡계의 경우 현대과학이 예측할 수 있는 것은 별로 없다. 유체보다 훨씬 단순한 계系라고 해서 상황이 나아지지 않는다. 이 경우 법칙의 존재가 예측가능성을 보장하지 않는다. 바로 카오스chaos이론의 핵심이다. 양자역학은 우주가 근본적으로 불확실성을 가지고 있다고까지 이야기한다. 결국 과학이 할 수 있는 일은 미래에 일어날 일에 대한 확률을 구할 수 있을 뿐이다. 즉, 아무리 일어나기 힘들어도 그것이 일어날 확률이 0이 아니라면 걱정해야 한다는 말이다.

원전은 위험하지만 완벽하게 통제될 수 있으므로 안전하다고 말한다. 하지만 원전의 위험은 열차 사고, 경제 위기, 전쟁의 위험과는 근본적으로 다르다. 후쿠시마의 예에서 보듯이, 자칫 이 땅이 생명체가 살지 못하는 불모지가 될 수도 있기 때문이다. 그 가능성이 아무리 적더라도 감내할 수 없는 수준의 위험이란 말이다. 안전장치 10개가 달렸다고 해도 실탄이 장전된 총을 유치원 다니는 자기 아이에게 줄 부모는 없다. 원전의 사고 위험이 정말 무시할 만한 것이라면 왜 원전을 서울 근교에 건설하지 못하는가? 송전에 필요한 엄청난 설비를 절약할 수 있는데도 말이다.

영화 〈쥬라기 공원〉에는 카오스 전문가 맬컴 박사가 나온다. 그는 쥬라기 공원의 공룡들이 통제될 거라는 말을 믿지 않는다. 공원 관계자들은 공룡의 번식 자체를 제어하는 화학적 방법을 고안했지만, 결국 공룡은 돌연변이로 이를 벗어난다. 영화 〈나비효과〉는 제어와 통제에 대한 인간의 열망이 얼마나 허망한 것인지 극명하게 보여준다. 주인공 에반은 원하는 과거의 시점으로 이동하는 능력을 갖고 있다. 자신이 바라는 대로 미래를 바꾸기 위해 몇 번이나 과거로 돌아가지만 그때마다 뜻하지 않은 일들이 생기며 상황은 파국으로 치닫는다. 물론 영화는 영화일 뿐이다. 하지만 이들 영화는 과학이 깨달은 과학의 한계를 극적으로 보여준다.

다시 말하지만, 과학은 근본적으로 완벽하지 않다. 현재의 과학기술로 모든 것을 완벽하게 제어하는 것은 불가능하다. 신은 자연에 법칙을 주었지만 정확히 예측할 수 있게 만들어놓지는 않았기 때문이다.

김상욱의 과학공부

## 문지기들의 천국

"법法 앞에 문지기 하나가 서 있다"는 프란츠 카프카Franz Kafka의 소설 「법 앞에서」의 첫 문장이다. 소설에는 법으로 들어가려는 시골사람이 등장한다. 법으로 가는 문 앞에는 문지기가 있는데, 그 시골사람을 절대 들여보내지 않는다. 그 사람은 하소연도 해보고, 뇌물도 줘보며 문 앞에서 수십 년을 기다린다. 나중에는 문지기의 몸에 사는 벼룩까지 알아보는 지경에 이르는데, 벼룩에게까지 부탁을 한 것은 물론이다. 결국 기다림에 지쳐 죽음에 다다른 시골사람은 문지기에게 다가간다. 자기가 문으로 들어가는 것은 오래전에 체념한 터라, 왜 자기 말고는 아무도 들여보내 달라는 사람이 없는 거냐는 질문을 한다. 죽음이 임박한 시골남자를 바라보며 문지기가 이렇게 답한다. "이 입구는 오직 당신만을 위한 것이었으니까. 나는 이제 문을 닫고 가겠소."

카프카의 글은 난해하고 기이하다. 이 짧은 소설도 예외는 아니다. 법이란 것이 문으로 들어가면 만날 수 있는 대상인지도 확실치 않고, 시골사람은 대체 무슨 생각으로 마냥 기다리기만 한 것인지 답답하기만 하다. 하지만 무언가 어리석은 일이 벌어지고 있음은 분명하다. 우리의 삶에서 이런 일이 일어나지 않는다고 장담할 수 있을까?

조선시대에 아들을 낳지 못한 여성은 여러 가지 고통을 감수해야 했다. 귀한 집안의 경우라면 남편이 첩이나 씨받이를 들이는 것을 지켜봐야 했다. 그런 여성은 아들을 낳기 위해 필사적인 노력을 했을 것이고, 실패를 자기의 책임으로 여겼으리라. 이제 우리는 알고 있다. 잘못은 그녀가 아니라 사회제도에 있었다는 것을. 생물학적으로 보아도 아들을 못 낳는 것이 여성의 책임만은 아니라는 것을. 아니, 인간의 의지로 결정할 수 없다는 것을 말이다. 하지만 당시 많은 여성들은 문지기하고만 실랑이를 벌이다 생을 마감했으리라.

과학의 역사에도 문지기가 등장한다. 지구가 우주의 중심이라는 문지기의 말을 믿는 이상, 태양계 행성들의 이상한 움직임은 이해하기 힘들다. 프톨레마이오스Ptolemaeus는 주전원周轉圓이라는 미봉책으로 이 문제를 해결하지만, 아마 문지기의 벼룩에게 부탁하는 심정이었을 거다. 결국 지구가 돈다는 것을 알려면 이 문지기를 무시해야 한다. 빛이 전자기파라는 파동의 일종이라는 것이 알려졌을 때, 사람들은 빛 파동의 매질을 찾으려고 노력했다. 그것에 에테르ether라는 멋진 이름까지 붙여주었음은 물론이다. 하지만 빛은 매질 없이 자신이 스스로 그 자신을 만들며 진행한다. 에테르야말로 문지기였던 것이다.

사람들은 대개 머리가 아주 좋아야 위대한 과학자가 될 수 있다고 생각한다. 하지만 위대한 과학자는 문지기를 무시할 줄 아는 사람이다. 아인슈타인이 절대시간이라는 문지기를 무시했을 때 상대성이론에 도달할 수 있었고, 하이젠베르크가 운동궤도라는 문지기를 무시했을 때 양자역학에 도달할 수 있었다. 그래서 뛰어난 과학자들은 문지기의 말이 아니라, 자신이 직접 문 안으로 들어가서 확인한 결과만을 믿는다.

구제금융으로 버텨오던 그리스가 2015년 국민투표를 통해 채권단의 긴축안을 거부했을 때 많은 논란이 있었다. 도덕적 해이에다 파렴치한 행동이라는 비난부터 투기 자본의 횡포에 대한 정당한 대응이라는 의견까지 스펙트럼의 폭은 컸다. 그리스인들의 선택이 향후 유럽연합에 어떤 영향을 줄지에 대해서는 전문가들조차 해석이 분분했으니 전문가도 아닌 필자가 어설픈 예측 따위를 할 생각은 없다. 하지만 그리스인들은 적어도 수동적인 자세를 벗어나기로 한 것 아닐까? 문지기하고 상대하는 것은 그만두고, 일단 문 안으로 들어가보려는 것이다. 문 뒤에 낭떠러지가 있을지 만나려던 법이 있을지는 알수 없다. 하지만 서서히 죽어가며 마냥 기다리는 것보단 나을거라 생각한 것일지도 모르겠다. 물론 그리스 정부가 문지기일지도 모른다.

사실 현재 한국 사회야말로 문지기들의 천국이다. 초중고생들은 성적이라는 문지기와 사활을 건 싸움을 벌이고 있다. 적어도 문 뒤에 행복이 있을 거라고 믿는 모양이다. 대학생들에게는 취업이라는 문지기가 버티고 있다. 직업은 목적이 아니라 수단에 불과하다는 사실은 어느새 까맣게 잊힌 듯하다. 사회에 나가도 여전히 돈과 명예라는 문지기들이 행복에 이르는 길을 가로막고 있다. 외모라는 문지기는 얼마나 많은 사람들의 불행을 즐기고 있을까?

김상욱의 과학공부

이뿐이 아니다. 국정원의 대선개입 의혹이 2013년 검찰총장의 스캔들로 흐려지고, 2014년 세월호의 진실이 유병언의 죽음으로 덮이고, 2015년 성완종 리스트가 메르스에 묻히고, 2016년 어버이연합의 배후가 베일에 싸인 이 시대에, 우리가 상대하는 것이 문지기인 것은 아닌지 언제나 곰곰이 따져봐야 할 것이다. 달을 가리킬 때는 손가락이 아니라 달을 보아야 한다.

---

인간

일이 되게 만드는 것도 인간이고, 안 되게 만드는 것도 인간이다. 우주는 자연법칙에 따라 움직일 뿐이다.

---

# 증거 없이 결론 없다

2014년 3월 14일 일본 이화학연구소理化學硏究所는 '자극야기 다능성 획득刺激惹起多能性獲得, STAP'세포 관련《네이처》논문을 철회한다고 발표했다. 세계를 흥분시킨 혁명적 연구 결과가 논문 발표 두 달 만에 희대의 사기극으로 결말을 맺은 것이다. 논문이《네이처》에 실렸을 당시만 해도 언론은 연구 책임자 오보카타 하루코小保方晴子가 젊은 여성이라는 점을 부각하며 사람들의 주목을 끌기에 여념이 없었다. 게다가 노벨상이 유력하다며 김칫국까지 퍼나르기에 바빴다. 이 사건은 우리가 황우석 사건의 악몽을 떠올리기에 충분했다.

비슷한 사건이 10여 년 전 나노과학 분야에서도 있었다. 얀 헨드릭 쇤Jan Hendrik Schön은 2000년과 2001년 불과 2년 동안 《네이처》와 《사이언스》에 모두 13편의 논문을 발표한다. 보통 과학자들은 평생 한 편 신기도 어려운 저널들이다. 당연히 노벨상 이야기가 나왔고 쇤은 스타가 되었다. 하지만 이것도 결국 데이터 조작이었음이 밝혀진다. 그의 논문 전부가 철회되었고, 독일의 콘스탄츠대학교는 그의 박사 학위마저 박탈해버렸다. 대체 과학이란 것이 이렇게 믿을 수 없는 것일까?

하지만 이 두 가지 사건은 오히려 과학계의 자기 정화 능력이 제대로 작동하고 있음을 보여준다. STAP 세포 사건은 논문의 그림을 오보카타 자신의 박사 학위논문에서 발췌한 것이 밝혀지며 불거지기 시작한다. 오보카타의 박사 학위논문 자체의 표절 의혹도 제기되었다. 무엇보다 가장 심각한 문제는 바로 논문의 결과가 다른 과학자들에 의해 재현되지 않았다는 점이다.

쇤의 경우도 논문들의 노이즈 부분이 동일하다는 주장이 나온 후 조사가 시작되었다. 노이즈는 무작위적이기 때문에 다른 두 데이터에서 절대 동일할 수 없다. 하지만 이 경우도 그의 실험 결과를 다른 과학자들이 재현할 수 없었다는 것이 가장 심각한 문제였다. 이렇듯 과학에서 조작은 반드시 들통

나게 되어 있다. 과학의 가장 중요한 기준이 보편적 재현가능성에 있기 때문이다.

만약 누군가 자신은 공중부양을 할 수 있다는 주장을 한다고 하자. 그런데 다른 사람이 보면 할 수 없고 혼자 있을 때만 된다. 이 사람의 말이 거짓이라고 단정할 수는 없다. 하지만 이것은 적어도 과학적이지는 않다. 보편적으로 재현가능하지 않기 때문이다. 뉴턴의 중력이론에 따르면 지구 표면에서 모든 물체는 1초에 4.9미터 낙하한다. 이것은 지구상 모든 장소에서 어떤 사람이 하더라도 그러하다. 오늘 해봐도, 내일 해봐도 마찬가지다. 이런 의미에서 뉴턴의 이론은 과학적이다. 바로 이런 속성 때문에 과학이 예측가능성을 가질 수 있게 되고, 가장 합리적인 방법론이 되었다고 믿는다. 요즘은 모두가 자신의 주장이 과학적이라 불리기를 바란다. 많은 학문 분야가 자신의 이름에 '과학'을 넣으려는 것도 비슷한 이유이다.

과학의 재현가능성에 대한 요구는 예측가능성과도 일맥상통한다. 따라서 아무리 유명한 과학자의 이론이라도, 실험결과가 예측한 것과 다르면 그의 이론은 폐기된다. 물리학의 아버지라 불리는 뉴턴이지만, 빠른 속도로 움직이는 물체에서 그의 이론은 잘못된 예측을 내놓는다. 특허청에서 일하는 말단 직원이라도, 그의 이론이 재현가능한 예측을 내놓는다면 그가 맞는 거다. 바로 아인슈타인이다. 그래서인지 물리학자들은 권위주의에 알레르기 반응을 보인다. 이론이 옳다면 재현가능한 증거를 보이면 그만인 것이다. 증거가 불충분할 때는 모른다고 말하며 판단을 유보하는 것이 과학적인 자세이다.

우주가 빅뱅으로 시작되었다는 것이 현재 우리의 우주론이지만, 빅뱅이 일어나는 순간 또는 그 이전에 대해 물리학자들은 모른다고 이야기한다. 생명과학의 눈부신 발전으로 생명을 조작하는 단계에까지 와 있지만, 아직 우리는 지구상 생명이 처음에 어떻게 시작되었는지 알지 못한다. 지구 밖 다른 행성의 생명에 대해서도 아는 것이 없다. 하지만 충분한 증거가 나올 때까지 과학자들은 결론을 유보할 것이다. 그것이 과학이기 때문이다.

2014년 국정원이 서울시 공무원 유우성 씨를 간첩으로 조작한 사건이 큰 파문을 일으킨 바 있다. 21세기에도 이런 비민주적인 작태가 벌어진다는 것이 놀랍지만, 이에 대한 일부 여당의원들의 반응은 두렵기까지 하다. 국정원을 이렇게 흔드는 것이 북한이 가장 좋아하는 것이라며, 정작 중요한 것은 증거 조작 여부가 아니라 간첩이냐 아니냐 하는 점이라고 강변했다고 한다. 쉽게 말해서 증거는 없지만 유우성 씨는 간첩이라는 말이다.

이것이야말로 가장 비과학적인 태도이다. 증거가 없다면 판단을 유보해야 한다. 과학적 데이터 조작은 동료 과학자들의 시간을 잠시 낭비하게 할 뿐이지만, 정보기관에 의한 간첩 조작은 한 인간의 삶을 파괴하는 살인 행위에 가깝다. 이것은 진보-보수의 문제가 아니라 과학-비과학, 인간-반인간의 문제이다. (2015년 10월 29일 대법원 1부는 유우성 씨의 국가보안법 위반 혐의에 대해 무죄를 선고했다.)

과학에서 조작은 반드시 들통난다. 우리 사회도 그러하기를 기원한다. 그것이 과학적 사회로 가는 첫 걸음이다.

# 추상이 우리를 죽이기 시작할 때

4월 16일 아침, 의사 베르나르 리유는 자기의 진찰실을 나서다가 층계참 한복판에서 죽어 있는 쥐 한 마리를 목격했다.

알베르 카뮈Albert Camus의 소설 『페스트』 도입부의 한 문장이다. 4월 16일이라는 날짜가 괜스레 마음에 밟힌다. 카뮈는 전염병이 창궐하여 고립된 도시에서 인간이 보이는 각양각색의 모습을 섬세한 필치로 묘사한다. 전근대의 페스트는 각양각색의 인간을 평등하게 모조리 죽였다. 눈에 보이지 않는 세균이 페스트를 일으킨다는 것을 깨닫기까지 얼마나 많은 사람이 죽었는지는 집계조차 불가능하다. "당시 인구가 몇분의 몇으로 줄었다." 이런 식으로 표현될 정도니 말이다. 세균에 의한 전염병은 역사를 바꾸기도 했다. 유럽인의 무기가 아니라 그들이 옮긴 병균으로 신대륙의 원주민 수천만 명이 죽었다. 이런 세균의 재앙을 멈춘 것은 바로 항생제, 즉 과학기술이었다.

세균은 세포의 형태를 갖는 작은 생물이지만, 바이러스는 DNA나 RNA로만 이루어진 번식 기계이다. 세균이 사람이라면 바이러스는 생식기인 셈이다. 바이러스에는 항생제도 무용지물이다. 살아 있어야 죽일 것 아닌가? 바이러스는 인체에 침투하여 인체 내부의 자원을 이용해 증식한다. 감염된 사람만이 다른 사람을 감염시킬 수 있다는 말이다. 따라서 바이러스에 의한 전염병은 초기대응이 중요하다. 최초 감염자를 완전 격리할 수만 있다면, 더 이상의 환자가 발생하지 않기 때문이다. 그러나 그 한 명을 놓치는 순간 환자는 걷잡을 수 없이 증가하게 된다.

빠른 초기대응이 쉽지만은 않다. 메르스MERS는 감기 바이러스의 일종으로 증세가 독감과 비슷하다. 건강보험심사평가원 요양급여명세서 자료에 따르면 2014년 급성 비인두염(감기) 환자 수는 500만 명에 달한다. 이 가운데 있을지 모를 메르스 환자를 상시 대비한다는 것은 현실적으로 불가능하다. 실제 첫 번째 국내 메르스 환자의 경우도 감기인 줄 알고 여러 병원을 다니다가 대규모 감염을 일으켰다. 그렇다면 이런 경우의 대책은 무엇일까?

TV를 켜려고 매뉴얼을 보는 사람은 없겠지만 완강기를 사용하려면 매뉴얼을 보아야 한다. 집에 자주 화재가 나는 사람은 완강기 사용법을 외우고 있을지 모르지만 대부분은 그렇지 않다. 불이 났는데 완강기를 들여다보며 사용법을 연구할 시간은 없다. 빠른 초기대응이 중요하지만, 자주 일어나지 않는 사건에 대해서는 읽고 즉각 실행에 옮길 수 있는 완벽한 매뉴얼이 필요하다는 말이다.

2015년 메르스 사태의 경우도 질병관리본부의 매뉴얼은 있었다. 첫 번째 메르스 확진자는 아랍에미리트, 사우디아라비아를 여행한 후 바레인을 거쳐 입국했다. 사우디아라비아는 메르스 발병 국가지만, 바레인은 아니다. 매뉴얼에서는 입국 전 최종 방문국만 문제 삼기 때문에 이 환자를 놓친 것이다. 메르스를 의심한 병원에서 검사를 요청했을 때에도 매뉴얼에 따라 질병관리본부가 검사를 거부한 것으로 알려지고 있다. 허술한 매뉴얼이 가져온 결과이다. 위기 시의 매뉴얼은 완벽해야 한다. 어차피 자주 일어나는 일도 아니기에 지나치게 완벽해도 좋다.

사실 매뉴얼은 이론적인 것이라 할 수도 있다. 일어날 일들을 미리 가상으로 예상하여 만든 것이기 때문이다. 하지만 현실은 언제나 상상을 초월하는 법이다. 세월호와 같은 사고에서 선장 이하 승무원들이 배를 버리고 가장 먼저 탈출할 거라고 누가 상상이나 했겠는가? 그래서 매뉴얼만큼이나 중요한 것은 현장의 상황 판단에 따른 신속하고 융통성 있는 결정이다. 2차 세계대전 당시 사막의 여우라 불린 에르빈 로멜Erwin Rommel은 88밀리미터 대공포로 전차를 공격하여 위기에서 벗어난다. 대공포는 비행기를 쏘라고 만든 것이지만, 오히려 전차를 부수는 데도 뛰어났던 것이다. 결국 독일 전차 티이거Tiger에는 88밀리미터 대공포가 탑재된다.

매뉴얼을 만드는 것이 평상시 담당 부서의 몫이라면, 위기가 발생했을 때 현장의 빠른 결정을 가능케 하는 것은 최고 책임자의 몫이다. 현장의 전문가들이 독자적으로 판단하고 빨리 행동할 수 있도록 권한을 주어야 한다는 말이다. 우리는 세월호 사건을 거치면서 우리 사회에 제대로 된 위기관리 매뉴얼이 없다는 것을 알게 되었다. 현장의 빠른 판단도 없었고, 권한도 없었다는 것을 알게 되었다. 따라서 책임지는 사람도 없었다.

2015년 메르스 사태를 거치며 이런 의문이 들었다. 탄저균이 유출되었을 때의 매뉴얼은 있는지, 원자력발전소 사고에 대한 매뉴얼은 있는지, 이런 매뉴얼들이 존재한다고 해도 정말 제대로 된 것인지. 국가가 우리를 지켜주지 못한다면 우리가 직접 자신을 지키는 수밖에 없다. 안타까운 결론이다.

불행 속에는 추상적이고 비현실적인 면이 있다. 그러나 추상이 우리를 죽이기 시작할 때에는 정신을 바짝 차리고 그 추상과 대결해야 한다.

_알베르 카뮈, 『페스트』

# 넉대와 독버섯

## 1.

옛날 경상도 산골에 양치는 소년이 있었다. 소년은 늑대가 나타났다고 몇 번 거짓말을 했다가 마을에서 쫓겨난다. 하지만 인심 좋은 마을 사람들은 이 소년에게 기회를 한 번만 더 주기로 한다. 어느 날 소년의 머리 위로 외계에서 온 거대한 우주 비행선 네 대가 나타났다. 소년은 황급히 소리쳤다. "넉대가 나타났다!"(경상도에서는 '늑대'를 '넉대'로 발음한다.) 우주선은 빠르게 사라졌고, 소년은 두 번 다시 마을로 돌아올 수 없었다.

## 2.

나는 감자를 좋아한다. 독일에서 연구원 생활을 하며 음식

고생을 덜한 것도 이 때문이다. 독일인에게 감자는 우리의 쌀이나 다름없다. 감자를 좀 묵혀두면 싹이 나는데, 여기에는 솔라닌solanine이라는 독이 있다. 감자가 처음 유럽에 전해졌을 때, 이를 잘 몰랐던 많은 사람들이 종종 탈이 나고는 했다. 당연히 나는 싹을 도려내고 먹는다. 이 사실을 알기까지 얼마나 많은 사람들이 고통을 당했을까? 감자는 아무것도 아니다. 독버섯 가운데 식용버섯을 찾아내기 위해 얼마나 많은 사람들이 죽어야 했을까?

**3.**

학생들은 수식으로 점철된 물리교과서를 보면서 한숨을 내쉰다. 하지만 사실은 고맙다는 마음을 가져도 부족하다. 선배 과학자들의 노력이 없었다면 내가 그걸 스스로 다 알아냈어야 했을 테니 말이다. 과학 연구를 하려면 논문을 읽어야 한다. 논문에는 틀린 것도 많고, 친절하게 쓰이지 않은 것도 허다하다. 하지만 적어도 조작된 데이터는 없어야 한다. 모든 논문의 데이터가 거짓이 아닌지 걱정해야 한다면 연구를 할 수 없을 거다. 그래서 고의로 논문을 조작한 과학자는 과학계에서 용서받을 수 없다.

## 4.

세월호의 아이들은 안내 방송을 믿었지만, 선원들은 탈출에 급급했다. 신뢰는 사고의 처음부터 깨어졌지만, 이것은 시작에 불과했다. 최선의 구조 방법은 현장의 지휘부와 전문가들이 결정해야 한다. 하지만 다수의 국민은 해경, 전문 인양업체, 해운회사, 정부의 말을 모두 믿을 수 없었다. 결국 SNS에는 온갖 정보가 난무하고, 국민 모두가 재난대책회의 위원이 되었다. 다이빙 벨을 넣어야 할지를 놓고 온 국민이 갑론을박하고 있다는 것은 이미 크게 잘못된 거다. 버섯을 먹을 때마다 개개인이 매번 이게 독버섯인지 걱정해야 하는 상황이 된 것이다. 신뢰가 없는 사회는 막대한 대가를 치러야 한다.

## 5.

우리 사회의 문제점과 해결책에 대해 많은 사람들이 이야기한다. 사교육 문제는 대학 입시 때문이고, 대학 입시는 학벌에 따른 차별 때문이다. 차별이 존재하더라도 훌륭한 사회보장제도가 있다면 폐해가 적을 거라며, 해결책이 종종 복지 정책으로 귀결된다. 북유럽 수준의 복지를 하려면 세금을 더 내야 하는데, 이쯤 되면 논의가 중단된다. 세금을 더 내야 한다고? 정부에 대한 신뢰가 없을 때, 증세는 쉽지 않다. 정치는 옳고 그름의 문제를 다루기보다, 이익이 상충할 때 이를 조정

김상욱의 과학공부

하는 역할을 하는 것이라고 생각한다. 누군가는 양보가 필요하다는 말이다. 양보는 신뢰에서 온다. 결국 이 사회의 근본 문제는 정부에 대한, 대학에 대한, 회사에 대한, 거래처에 대한, 사회에 대한, 인간에 대한 신뢰가 없다는 것이 아닐까?

**6.**

논문에 나온 데이터의 조작 여부를 걱정하는 사회에서 과학은 한 발짝도 앞으로 나아갈 수 없다. 분명 과학은 이성적이고 합리적인 지식을 제공한다. 하지만 신뢰가 없다면 지식은 쌓이지 못하고 바람에 날아가버린다. 세월호 참사에서 교훈을 얻지 못한다면 우리 사회도 바람에 날아가버릴지 모른다.

## 영웅 없는 위기

 

 

1812년 5월 24일 영국 펠링 탄광에서 불의의 사고가 발생했다. 갱도에서 폭발이 일어나 광부 92명이 사망한 것이다. 시체 대부분이 불에 타거나 팔다리가 절단되었으며 일부는 총알처럼 갱도 밖으로 튕겨나왔다. 지하에서 일어난 화재를 진압하여 시체를 수습하는 데만 6주가 넘게 걸렸다. 석탄층에서 방출되는 가스가 전등의 불꽃으로 점화되어 일어난 폭발이었다.

19세기 초 석탄은 산업혁명의 혈액이었다. 따라서 이것은 사회적 비극인 동시에 국가적 위기였다. 이런 재난에도 불구하고 광산을 폐쇄할 수 없는 이유이기도 했다. 당시 자본주의와 결합한 광鑛산업은 착취의 막장을 향해 달리는 광기狂氣

의 기관차와 같았다. 펠링 탄광 폭발사고로 죽은 92명 가운데 14세 이하의 어린이가 20여 명에 달했고, 최연소 사망자는 불과 8세였다.

영국 정부는 급히 안전위원회를 구성하고 광업 전문가들의 조언을 구했다. 새로운 환기 방식이나 안전등에 대한 아이디어들이 나왔지만 만족스런 결과를 얻을 수 없었다. 그러던 중 이듬해 12월, 같은 광산에서 두 번째 폭발이 일어나 22명이 또 사망한다. 다급해진 위원회는 모든 사람들에게 조언을 구해야 한다고 결정하고, 여러 사람들을 접촉하다 험프리 데이비Humphry Davy에게도 도움을 요청한다.

데이비는 웃음기체(아산화질소$N_2O$)와 전기화학의 업적으로 명성이 자자한 과학자였다. 데이비는 직접 탄광으로 가서 조사를 시작한다. 데이비가 때로 100미터가 넘는 갱도를 직접 내려가 조사하는 열정을 보이며 일의 해결을 위해 진심으로 노력하자, 외부인에 적대적인 탄광 사람들도 차츰 그에게 감화된다.

폭발의 이유는 갱도에서 발생하는 '불 증기' 때문이었다. 데이비는 세밀한 화학분석 끝에 불 증기가 특이한 연소 특성을 갖는 탄소-수소 화합물임을 알아낸다. 오늘날 우리가 메탄이라 부르는 것으로 탄소 하나에 4개의 수소가 결합한 분자이다. 불 증기는 공기의 혼합 비율이 임계값 이상일 때만 폭발했다. 조건을 잘 맞추면 불꽃이 있어도 폭발하지 않고 빛을 내며 안전하게 탈 수 있었다. 데이비는 폭발을 일으키지 않는 안전등 개발이 관건임을 깨닫는다. 불꽃과 불 증기를 적절히 분리시키는 방법을 찾아야 한다는 말이다. 데이비는 결국 해법을 찾아낸다. 촘촘한 철망으로 불꽃을 감싸면 외부에 불 증기가 있어도 폭발이 일어나지 않았다. 열전도도가 큰 철이 열을 빼앗아갔기 때문이다. 빛은 철망 사이로 빠져나오니 전등으로서도 아무 문제가 없었다. 데이비의 안전등을 도입한 이후 탄광의 폭발사고는 거의 사라진다.

펠링의 폭발사고에 대해 영국 사회는 여러 가지로 반응했을 것이다. 책임 공방도 있었을 것이고 책임자 처벌에 대한 논의도 거셌을 것이다. 하지만 결국 이 위기를 해결한 것은 과학적 방법이었다. 과학적 방법은 세 단계로 구성된다. 첫 단계는 관찰과 실험을 통해 정확하고 정량적인 데이터를 수집하는 것이다. 둘째 단계는 데이터를 바탕으로 가설을 세우는 것이다. 셋째 단계는 다시 관찰과 실험을 통해 가설을 검증하는 것이다.

2014년 우리 사회는 펠링의 폭발사고 못지않은 끔찍한 사건을 겪었다. 4월 16일 전라남도 진도군 관매도 부근 해상을 지나던 정기 여객선 세월호가 침몰한 것이다. 탑승객 476명 가운데 172명만이 구조되었다. 사망자의 대부분은 수학여행을 가던 안산 단원고등학교 학생들이었다. 사고 당시 승객을 구조해야 할 선장 이하 선원들은 먼저 대피하기 바빴다. 더구나 선내에서 대기하라는 어처구니없는 방송 때문에 승객들은 구명조끼를 입은 채로 제자리에서 기다리다가 변을 당했다. 하지만 이것은 불행의 시작에 불과했다. 구조 과정에서 드러난 정부의 무능과 책임 회피, 진상 규명을 요구하는 유족들에 대한 정치적 탄압에 국민들은 경악할 수밖에 없었다. 이 끔찍한 사고를 통해 우리 사회가 숨겨온 민낯이 드러난 것이다.

세월호 참사 역시 과학적 해결책을 통해서만 일단락될 수 있다. 이를 위해서는 우선 성역 없는 조사를 통해 정확한 데이터를 수집하는 것이 첫 번째 단계이다. 광산업자들이 사고 장소를 은폐하거나 데이비의 조사를 방해했다면 안전등의 발명은 불가능했을지도 모른다. 둘째는 데이터에 근거한 가설 설정이다. 이 단계에서 가장 중요한 것은 생각할 수 있는 모든 가능성을 의심해야 한다는 점이다. 갈릴레오는 태양이 아니라 지구가 돌고 있는 것은 아닌지 의심했고, 아인슈타인은 움직이는 사람의 시간이 느리게 가는 것은 아닌지 의심했다. 데이터를 은폐하고, 성역을 만들고, 합리적 의심에 종북이니 빨갱이니 하는 딱지를 붙이는 사회에서 과학적 해결은 불가능하다. 과학적 해결 없이 위기는 극복될 수 없다. 천안함 침몰, 국정원 부정선거 의혹과 세월호 참사의 처리 과정을 보면 우리가 겪는 위기의 본질이 분명해진다.

펠링 탄광의 위기는 데이비라는 영웅을 낳았다. 왜 우리의 위기는 분열, 불신, 피해자만을 낳는 걸까?

## 과학은 국정화를 싫어해

10월은 한국 과학자들에게 잔인한 달이다. 노벨상 수상자가 발표되기 때문이다. 노벨상은 과학자가 받을 수 있는 최고의 영예이다. 이 시기가 되면 일반인들이 과학에 대해 갖는 관심도 최고조에 달한다. 그렇다면 10월은 과학자에게 축제여야 하는데, 우리는 대개 초상집 분위기이다. 아직 한국인 노벨과학상 수상자가 하나도 없기 때문이다. 더구나 일본에서 수상자라도 나올라치면 우리의 답답함은 우울증으로 발전한다. 언론도 왜 우리는 노벨상이 없는지 분석하기 바쁘다.

어찌 보면 노벨상에 대한 집착은 우리의 익숙한 자화상이다. 우리는 경쟁교競爭敎의 신도들이기 때문이다. 경쟁에서 최선을 다하지 않는 것은 죄악이며, 패배는 지옥불이다. 경쟁에서 이기는 걸로도 충분치 않다. 아이가 학교에서 상을 받아 왔을 때, 많은 부모들이 이렇게 물어본다. "몇 명이 참여해서, 몇 명이 받은 거니?" 그래, 우리에게는 정확한 등수가 필요하다. 정확히 몇 등으로 이긴 것인지, 내 뒤에 몇 명이 있는지 알아야 직성이 풀린다. 노벨상을 대하는 우리의 태도도 이와 크게 다르지 않다. 노벨상은 경쟁이고 한국이 이 경쟁에서 이겨야 한다는 거다.

사실 한국인 노벨상 수상자 배출은 의외로 쉬운 일이다. 노벨상 수상자 가운데 한 사람을 우리나라 사람으로 귀화시키면 그만이기 때문이다. 물론 이건 반칙이라고 할 거다. 그러면 노벨상 수상 가능성 높은 사람들에게 수백억씩 준다고 하면서 국적 변경 로비를 해보는 것은 어떨까?

농담이다. 아마도 우리가 진정 바라는 것은 한국인의 수상 그 자체가 아니라, 노벨상이 나올 수 있는 과학적인 환경을 갖게 되는 것 아닐까?

노벨상도 정치적 산물이라는 비판이 있다. 사람이 하는 일인 이상, 노벨상에도 분명 정치적인 부분이 있을 것이다. 일본의 노벨상이 정부 주도의 치밀한 노력의 결과라는 시각도

김상욱의 과학공부

있는데, 일부 사실일 거라 생각한다. 하지만 이렇게만 생각하는 것은 아인슈타인의 연봉이 얼마인지에 집착하는 것과 비슷한 것일지도 모른다. 정치 이상의 무엇이 있다는 말이다.

마르틴 루터Martin Luther는 코페르니쿠스Nicolaus Copernicus를 가리켜 "이 바보가 천문학이라는 과학을 통째로 뒤엎어놓으려 한다. 그러나 성서에 분명히 쓰여 있듯이, 여호와가 '멈춰라' 하고 명한 것은 태양이지 지구가 아니다"라고 말했다. 당시 지동설을 지지하는 것은 죽음을 각오해야 하는 일이었으리라. 이는 오로지 성경책에 쓰인 한 구절의 권위 때문이었다. 과학은 이런 환경에서 숨을 쉴 수 없다. 과학적 사고의 핵심은 간단하다. 모든 것을 의심하고, 객관적이고 물질적인 증거에만 의존하여 결론을 내리는 것이다. 많은 과학자들이 종종 권위에 도전하고 불의에 저항하는 것처럼 보이는 이유가 바로 이 때문인지도 모르겠다.

1933년 5월 10일 독일 나치 정권은 독일 전역에서 책을 불태웠다. 나치 사상에 어긋난다는 판정을 받은 책들이 그 대상이 되었는데, 주로 좌익과 유대인들의 책이었다. 여기에는 프로이트, 아인슈타인, 마르크스, 카프카 등의 저작들도 포함되었다. 결국 수많은 학자들이 독일을 떠난다. 독일은 이 암흑의 역사를 잊지 않으려고 베를린 베벨 광장 바닥에 유리창을 설치해두었다. 여기를 들여다보면 지하에 텅 빈 도서관 서가가 보이는데, 비어 있어서 오히려 더 강렬한 느낌으로 다가온다. 국가가 '무엇이 올바른 생각인지' 결정하려는 사회에서 과학은 물론, 학문은 숨조차 쉴 수 없다.

2015년 정부가 한국사 교과서 국정화를 단행했다. '올바른' 교과서를 만들기 위해서라고 했지만, 나치도 올바른 사회를 만들기 위해 책을 불태웠고 제국주의 일본도 올바른 동아시아 건설을 위해 전쟁을 일으켰다. 역사학자 에드워드 카 Edward Carr는 "역사란 역사가와 사실 사이의 부단한 상호작용의 과정이며, 현재와 과거의 끊임없는 대화다"라고 말했다. 역사에서 '올바른' 것이란 원래부터 존재하지 않는다는 말이다. 내가 하면 로맨스, 남이 하면 불륜이다.

과학에서 올바른 답은 많은 사람들의 자유로운 생각으로부터 얻어진다. 여기에는 움직이는 물체의 시간이 느리게 흐른다는 아인슈타인의 미친 생각까지도 포함된다. 만약 무엇이 올바른 것인지 정부가 결정하는 거라면, 우리는 지금도 천동설을 믿고 있을지 모른다. 노벨상은 이렇게 우리에게서 더 멀어져간다.

# 사과의 물리학

사과(沙果): 사과나무의 열매

사과(謝過): 자기의 잘못을 인정하고 용서를 빎

사과는 선악과善惡果일 때 지혜를 상징하지만, 함부로 따먹었다가는 신의 분노를 일으키는 악마의 물건이기도 하다. 뱀은 이거 먹으라고 부추겼다가 불쌍하게도 평생 땅을 기어 다니게 되었다는 전설이 있다. 백설공주가 베어 문 사과에는 계모가 넣은 독이 들어 있었지만, 컴퓨터의 아버지 튜링Alan Turing이 굳이 독이 든 사과를 먹고 자살한 것은 사과가 선악의 지혜를 의미하기 때문인지도 모른다. 애플사는 베어 문 사과를 로고로 쓰는 것이 튜링과 관계없다고 발표한 바 있다. 아무튼 이제 베어 문 사과는 세계 IT시장을 선도하고 있다.

사과에는 이렇게 다층적 의미가 들어 있다.

물리에서도 사과는 특별하다. 많은 사람들이 뉴턴의 중력 이론이 무엇인지는 몰라도, 그것이 떨어지는 사과와 함께 탄생했다는 것은 안다. 그런데 뉴턴의 사과 이야기야말로 근거 없는 이야기라는 것을 사람들은 알까? 그러거나 말거나 이제 사과는 뉴턴이고 뉴턴은 사과이다. TV 과학프로그램의 이름에 종종 사과가 들어가는 것도 다 이 때문이다. 뭐 사과면 어떻고 포도면 어떠랴. 그것이 무엇이든 땅으로 떨어지는 것은 중력 때문이다. 그러면 달은 왜 안 떨어지나? 누구나 가졌을 이런 질문에 답이 없었을 리 만무하다. 아리스토텔레스에 따르면 세상은 둘로 나뉜다. 천상계와 지상계이다. 천상계의 운동은 완벽하고 영원하며, 지상계는 불완전하고 일시적이다. 그러니까 달뿐 아니라 태양과 모든 별들은 영원히 멈추지 않는 원운동을 한다.

뉴턴은 여기서 엄청난 도약을 한다. 아리스토텔레스가 말한 것과 같은 천상과 지상의 구분은 없다. 달도 사과처럼 추락하고 있다는 것이다. 추락하는 달은 날개가 없다. 그러면 왜 안 떨어지냐고? 떨어지고 있다니까. 달은 단지 추락하는 방향과 직각으로, 즉 수평 방향으로 속도가 있어서, 추락하는 동시에 수평 방향으로 움직인다. 지구가 편평했다면 투수가 던진 공처럼 결국 달은 땅바닥에 떨어졌을 거다. 하지만 지구는 둥글다. 달이 낙하하면서 동시에 수평으로 이동한 정도가 지구의 곡률과 정확히 일치하여 계속 추락하면서도 땅에 닿지 못하는 것이다. 정말이지 이쯤 되면 미쳤거나 천재이다. 물론 뉴턴은 천재이다. 사실 뉴턴의 중력이론에서 주인공은 사과가 아니라 달인 셈이다.

세상에는 또 다른 종류의 사과가 있다. 잘못을 인정하고 용서를 구하는 것이다. 잘못의 정도가 큰 경우 '사죄'라고 한다. 진심으로 하는 사과는 용서를 끌어낼 수 있다. 하지만 잘못된 사과는 오히려 분노를 일으키는 악마의 물건이 되기도 한다. 사과에도 지혜가 필요한 이유이다. 백설공주의 목숨을 노린 계모가 제대로 사과를 했다면 달궈진 쇠구두를 신은 채 끔찍하게 죽지는 않았을 거다. 튜링을 자살로 내몬 영국 정부는 2009년에야 공식적으로 사과했다. 그가 죽은 지 55년이나 지난 것이니 늦어도 너무 늦었다.

우리도 사과와 관련해 일본과의 오랜 논쟁이 있다. 일본군 위안부 문제가 처음 세상에 알려진 것은 전쟁이 끝나고도 55년이나 지난 1990년대 들어서이다. 이 문제가 국제적 이슈로

부상하자 일본 정부는 1993년 고노담화河野談話를 발표하여, 잘못을 공식적으로 인정하고 사과한다. 여기서 "위안소는 당시의 군 당국의 요청에 의해 설영設營된 것이며, 위안소의 설치, 관리 및 위안부의 이송에 관해서는 구 일본군이 직접 혹은 간접적으로 관여하였다"라고 일본 정부의 책임을 분명히 밝혔다. 그리고 "우리는 역사 연구, 역사 교육을 통해 이런 문제를 오랫동안 기억에 남기며, 같은 과오를 결코 반복하지 않겠다는 굳은 결의를 다시금 표명한다"라고 다짐까지 하였다.

하지만 이후 일본이 보인 행동은 고노담화의 내용과 모순된다. 고노담화 직후인 1994년에는 위안부 문제가 거의 모든 중학교 역사교과서에 실리지만, 2011년에 이르러 모조리 사라지는 것은 한 예에 불과하다. 한편, 위안부 생존자에 대한 배상 문제는 더 복잡하다. 일본은 1965년 박정희 정권과 체결한 '한일기본조약'으로 일제강점기에 대한 보상을 완료했다고 주장한다. 우리 정부도 위안부 문제에 대해 배상을 요구하지 않는다는 것이 기본 방침이었다 한다. 따라서 위안부 문제에서는 배상이 핵심이 아니었다. 우리 국민들이 요구하는 것은 진정성 있는 사과와 그에 따른 후속 조치였지만 제대로 이루어지지 않은 것이다.

2015년 12월 한일 양국 정부는 위안부 문제에 대한 협상이 타결되었다고 발표했다. 이런 협상이 진행되고 있는지 아무도 모르던 터라 대부분의 사람들은 깜짝 놀랐다. 협상의 구체적 내용이 알려지자 분위기는 싸늘했다. 일본의 사과는 일본군 당국의 책임을 구체적으로 명시했던 고노담화와 비교해도 함량 미달의 내용이었다. 더구나 우리 정부의 표명 사항으로 "이번 발표를 통해 일본 정부와 함께 이 문제가 최종적 및 불가역적으로 해결될 것임을 확인함"이라든가, "한국 정부는 일본 정부가 주한일본대사관 앞의 소녀상에 대해 공관의 안녕·위엄의 유지라는 관점에서 우려하고 있는 점을 인지하고, 한국 정부로서도 가능한 대응 방향에 대해 관련 단체와의 협의 등을 통해 적절히 해결되도록 노력함"이라는 구절에 대해서는 굴욕적이라는 반응이 지배적이었다.

이 같은 위안부 합의는 잘못된 것이다. 첫째, 진정성 있는 사과가 아니었다. 고노담화 이후 일본이 보인 행동에 어떤 진정성이 있었는가? 최근 바뀐 것이 있었는가? 일본 측 합의의 내용은 고노담화만도 못한 수준이다. 더구나 우리 정부가 쓴 '불가역'이라는 표현은 그 자체로 굴욕적이며, 여기서 왜 소녀상 문제를 거론하는지 이해할 수 없다. 일본이 이런 조건을 원한 거라면 이것은 이미 사과하는 사람의 모습이 아니다. 만약 우리 정부가 자발적으로 표명한 거라면 대체 어느 나라 정부냐는 질문을 할 수밖에 없다.

둘째, 어차피 보상은 처음부터 핵심이 아니었는데, 이것이 부각되어 피해자들을 두 번 욕보이는 결과가 되었다. 이전과 달라진 것이 있다면 일본 정부가 보상금을 낸다는 것뿐이니까.

셋째, 합의 진행 과정에서 용서의 주체인 피해자가 배제되었다. 용서는 피해자가 하는 것이다. 영화 〈밀양〉에는 자식을 살해당한 여인이 나온다. 회개하여 신의 용서를 받았다는 살인자의 말을 듣고, 여인은 절규한다. "도대체 누가 누굴 용서한다는 말인가?"

사과는 아무 조건이 없을 때 땅과 만날 수 있다. 달과 같이 수평 방향의 속도가 있으면 땅과 영원히 평행선을 그리게 된다. 자신은 낙하한다고 주장하겠지만.

## 부재의 실재

고려대생이 "우리에게는 김연아가 있다"라고 자랑했다. 그러자 연세대생이 대답했다. "우리에게는 MB가 없다." 우스개지만, 때론 부재不在가 존재만큼이나 중요할 때가 있다.

이 세상이 무언가로 빈틈없이 가득 차 있다면 그것은 존재하지 않는 것이나 다름없다. 우리 주위는 공기로 가득하다. 그래서 우리는 공기를 느끼지 못한다. 하지만 공기가 없는 곳에 가면 바로 공기의 존재를 깨닫게 된다. 물속에 사는 물고기는 물의 존재를 느끼지 못한다. 그래서 물속에 생긴 거품을 보면 거품이라는 존재가 생겨났다고 생각한다. 거품 안에는 공기가 있지만, 공기 자체는 원래 보이지 않는다. 보이는 것은 거품 속 공기와 물의 경계, 즉 물의 부재이다. 물의 부재로 만들어진 거품은 이제 그 자체로 존재가 되어 마치 실재인 듯 물속을 움직이고 다닌다.

1933년 노벨물리학상을 수상한 폴 디랙Paul Dirac은 이 세상이 전자로 가득 차 있다고 주장했다. 그의 이론에 따르면 진공은 텅 빈 것이 아니라 전자로 꽉 찬 것이어야 했기 때문이다. 물론 당시에는 정신 나간 이론이란 말을 들어야 했다. 디랙은 사람들의 조롱에도 굴하지 않고 한 걸음 더 나아간다.

진공에 충분한 에너지를 주면 전자가 튕겨나갈 것이고, 그 빈자리가 마치 물속의 거품처럼 보이게 된다는 것이다. 그러고는 이 거품에 '양陽전자'라는 이름을 준다. 아무것도 없는 빈 공간에서 전자와 양전자라는 두 개의 입자가 생길 수 있다는 뜻이다. 이쯤 되면 무에서 유를 창조하는 것이니, 색즉시공色卽示空 공즉시색空卽示色이랄까. 양전자와 같은 부재의 입자를 '반反입자'라고 한다. 1932년 칼 데이비드 앤더슨Carl David Anderson이 우주선cosmic rays에서 디랙이 말한 바로 그 양전자를 발견한다. 디랙이 옳았던 것이다. 앤더슨은 이 업적으로 1936년 노벨물리학상을 받는다.

이런 이야기가 흥미롭기는 하지만, 일상생활과 상관없는 학문적 관심에 불과하다고 생각하면 큰 오산이다. 당신이 사용하고 있는 스마트폰이나 컴퓨터에는 디랙이 말한 반입자들이 가득하기 때문이다. 컴퓨터가 수행하는 모든 행동은 문장으로 표현할 수 있다. "더하라. 지워라. 1을 써라" 등등. 이런 모든 문장은 알파벳이나 기호로 나타낼 수 있다. 알파벳이나 기호는 숫자에 대응시킬 수 있고, 모든 숫자는 이진법으로 표현 가능하다. 즉, 컴퓨터가 하는 모든 행동은 0과 1의 나열로 나타낼 수 있다. 실제 전자소자에서는 전류가 흐르면 1, 흐르지 않으면 0이다. 모든 전자소자는 기본적으로 반도체 내에서 전류의 흐름을 제어하여 작동하게 된다.

전류란 전자가 이동하는 것이다. 반도체 내부는 전자로 가득 차 있다. 가득 찬 전자는 그 자체로 없는 거나 마찬가지이다. 여기에 여분의 전자가 생기면 움직일 수 있는 전자가 생기는 셈이다. 이 여분의 전자가 움직이며 전류를 만들어낸다. 반대로 전자를 약간 없애도 전류가 흐를 수 있는데, 이때는 홀hole이라 불리는 전자의 부재가 전류를 만든다. 마치 물속에 생긴 거품과 비슷한 것이다. 전자가 흐르는 반도체를 'n형 반도체', 전자의 부재인 홀이 흐르는 반도체를 'p형 반도체'라 한다. 우리가 사용하는 모든 전자기기는 바로 이 n형, p형

반도체를 이어붙인 접합 구조에 기반을 두고 있다.

부재는 그 자체로 실체이다. 어둠이란 것은 그 자체로 존재하는 것이 아니라 단지 빛이 부재한 것이다. 불의不義는 말 그대로 단지 의義가 없는 것이다. 잘못된 일을 보고 아무 행동도하지 않는다면, 그것은 의가 없는 상태, 즉 불의에 불과하다. 하지만 그렇게 생겨난 '의의 부재'는 실체가 되어 돌아다니기 시작한다.

> 그들이 처음 공산주의자들에게 왔을 때,
>
> 나는 침묵했다. 나는 공산주의자가 아니었기에.
>
> 그들이 노동조합원들에게 왔을 때,
>
> 나는 침묵했다. 나는 노동조합원이 아니었기에.
>
> 그들이 유대인들을 덮쳤을 때,
>
> 나는 침묵했다. 나는 유대인이 아니었기에.
>
> 그들이 내게 왔을 때,
>
> 그때는 더 이상 나를 위해 말해줄 이가 아무도 남아 있지 않았다.

20세기 초 독일의 나치 정권하에서 침묵했던 지식인들을비판하는 시이다. 독일 사람들은 나치가 벌인 온갖 만행을 히틀러만의 책임이라고 하고 싶을지도 모르겠다. 하지만 곰곰

김상욱의 과학공부

이 생각해보라. 한 사람이 할 수 있는 일은 그리 많지 않다. 많은 자료에 따르면 반유대주의는 20세기 초 이미 유럽의 많은 나라에서 만연한 풍조였다. 암묵적인 동의 없이 600만 명의 사람을 조직적으로 죽이는 것이 가능할까?

요즘 우리 사회가 잘못되었다고 느끼는 사람들이 많은 것 같다. 잘못된 사회에서 비판과 행동의 부재는 그 자체로 독재와 억압이라는 실체가 된다. 때로 침묵은 금이 아니라 독이다.

---

학문과 실용

학문은 실용의 노예가 아니라 친구여야 한다. 학문은 실용에 선물을 줄 뿐, 실용을 위해 일하지 않는다.

_카를 프리드리히 가우스

제3장

나는 과학자다

# 나는 과학자다

2011년 선보인 〈나는 가수다〉는 성공한 TV프로그램이다. 필자의 집에서도 〈나는 가수다〉를 삼대三代가 함께 앉아 지켜보곤 했다. 이 방송이 우리에게 일깨워준 것: 가수는 역시 노래를 잘해야 한다. 사람들은 왜 이 평범한 진리를 그동안 몰랐던 것일까? 이후 〈복면가왕〉, 〈불후의 명곡〉, 〈슈가맨〉 같은 프로그램들이 우후죽순 생겨난다. 한때 〈나는 XX다〉라고 말하는 게 유행이었는데, 필자의 직업상 〈나는 과학자다〉를 생각하지 않을 수 없었다. 당연한 얘기지만 과학자는 과학을 잘해야 한다. 허나 가수와 마찬가지로 과학자의 현실도 반드시 그렇지만은 않다.

과학에도 정치가 있다. 정치력이 뛰어난 과학자는 더 이상 과학을 하지 않는다. 아니 할 시간이 없다. 물론 과학계 전체의 발전을 위해서 누군가는 정치를 해야 한다. 하지만 정치에 발을 들여놓은 과학자는 보통의 과학자와는 다른 길을 걸을 수밖에 없다. 과학계에는 연구를 하지 않는 과학자도 있고, 또는 연구비나 인력이 없어 연구를 하지 못하는 과학자들도 있다. 과학하기를 좋아하지만 나이가 들어가며 본의 아니게 매니저가 되어가는 과학자들도 있다. 하지만 과학자는 역시 과학을 해야 한다.

과학자들은 오류를 찾느라 10페이지에 걸쳐 빽빽하게 쓰인 수식들을 뒤적이고, 컴퓨터 코드와 씨름하고, 고장 난 실험 장비를 고치느라 밤을 새고, 도저히 이해 안 되는 실험 결과들을 생각하며 밥을 먹으면서도, 휴가를 가서도 항상 끙끙거린다. 그러다가 안 풀리던 문제의 중요한 단서라도 발견하면 어린아이처럼 흥분하며, 문제가 풀리는 순간 마치 세상을 다 얻은 듯 황홀경에 빠지기도 한다. 가수는 노래를 부를 때 행복하듯이, 과학자는 과학을 할 때 행복하다.

필자가 독일 막스 플랑크Max Planck 연구소 연구원이던 시절의 일이다. 어느 날 연구소 소장님께서 세미나 발표를 한다는 공고가 붙었다. 이제 곧 정년을 앞두신 소장님께서 세미나라니. 세미나실은 분야에 상관없이 호기심이 발동한 연구원들로 가득 찼다. 소장님께서는 단독 저자로 과학 저널《피지컬 리뷰 비Physical Review B》에 게재된 자신의 연구 결과를 연구원들에게 담담히 설명하셨다. 세미나가 끝난 후 연구원들은 충격 반, 부담 반인 상태가 될 수밖에 없었다. 막스 플랑크 연구소 소장은 각종 사무적인 일과 정치를 하느라 연구할 시간이 없는 자리이기 때문이다. 더구나 정년을 앞둔 나이에야. 메시지는 분명했다. 소장님도 우리와 같은 과학자였던 것이다.

갈릴레오는 73세의 나이에 달의 칭동秤動현상을 발견하고 시력을 상실했으며, 아인슈타인은 죽을 때까지 통일장이론에 몰두했고, 네 자녀의 죽음을 지켜봐야 했던 막스 플랑크는 어려움에 처할 때마다 물리 연구로 도피했다. 과학자에게 과학은 그의 전부였던 것이다. 당신이 과학자라면 자신에게 물어봐야 할 것이다.

"나는 진짜 과학자인가?"

## 양자역학? 그게 뭐예요?

과학자들은 왜 자신의 연구 결과를 언론에 알리려고 할까? 아마도 자신이 연구하는 분야를 홍보하고 싶어서가 아닐까? 순수하게 지식을 알리려는 의도도 있을 거다. 하지만 홍보는 돈과 직결된다. 무명의 가수라도 언론의 집중 조명을 받으면 돈방석에 앉을 수 있다. 어떤 사람들은 홍보를 위해서라면 자해마저 서슴지 않는다. 노이즈 마케팅 말이다. 기본적으로 홍보할 거리가 있어야 됨은 말할 것도 없다. 저마다 홍보할 것이 있을 때 누구에게 기회를 주느냐 하는 것이 문제일 것이다.

물리학자들은 언론홍보에 보이지 않는 가이드라인이 있다. 《네이처》,《사이언스》에 논문이 게재되면 신문이나 방송에 내보내고,《피지컬 리뷰 레터Physical Review Letters》에 출판되면 한국물리학회 홍보잡지《물리학과 첨단기술》에 알린다. 연구 결과가 정말 중요한 것인지는 주된 고려사항이 아니다. 이런 저널에 논문이 출판되면 좋은 연구 결과일 가능성이 크지만, 연구의 중요성이 이런 식으로만 평가되는 것은 옳지 않다.

《네이처》,《사이언스》 같은 저널들에 실리지 못한 과학의 다양한 주제들은 대부분 일반인들에게 알려지지도 못한다. 더구나 다수의 우리나라 과학자들은 이런 홍보를 제외하고는 과학 자체를 알리는 데 그리 열심히 나서지 않고 있다. 대개 너무 바쁜 데다가 이런 일이 자신의 적성에 맞지 않는다고 생각하기 때문이다. 그래서인지 재미있는 과학 관련 기사는 많지도 않을뿐더러 어느 저널에 이런 논문이 출판되었다는 무미건조한 홍보성 기사만 난무한다. 게다가 종종 내용을 제대로 이해 못 한 비전문가들이 기사를 쓰다 보니 우리말이되 우리말이 아닌 경우도 비일비재하다. 과학자들이 과학을 알리는 데 열심이 아닌 탓일까, 대부분의 일반인들도 과학에 관심이 없다. 설상가상으로 이들은 관심이 없는 것을 당연시한다.

"양자역학? 그게 뭐예요?" 우리 주위에는 스스럼없이 이렇게 말할 사람이 많을 것이다. 하지만 "모차르트? 그게 누구죠?"하고 거침없이 질문할 사람은 많지 않으리라.

다음 단어들의 공통점은 무엇일까? 황우석, 새만금, 4대강, 광우병, 지구온난화, 신종 인플루엔자, 천안함, 원전, 메르스, 가습기 살균제. 이들은 우리 사회 주요 사건들의 키워드이다. 이들은 모두 과학지식을 바탕으로 한다는 공통점을 가지고 있다. 2008년 많은 사람들을 거리로 이끈 미국산 쇠고기 수입 문제는 광우병의 위험성에 관한 과학적 판단이 문제의 핵심이었다. 천안함 침몰 역시 과학적으로 진위를 가려야 할 사안이었으나 정치적 논쟁에 묻혀버렸다. 원전의 안정성과 대체 에너지에 대한 논의는 우리나라의 미래와 직결된 과학적 사안이다. 살균제 형태의 제품을 가습기에 넣어 사람이 흡입하도록 한 것은 세계에 유례가 없는 일이다. 이 때문에 수백 명이 사망했다고 접수되었으며, 그 수는 늘어나고 있다. 과학이 우리의 삶에 중대한 영향을 주고 있다는 말이다.

과학 없이 일상을 살 수 있는 사람은 아무도 없다. 이 때문에 많은 과학적 연구들이 국민의 세금으로 수행된다. 세금을 내는 시민들은 자신의 삶에 중대한 영향을 줄지도 모를 연구 내용에 대해 알아야 하며, 알 권리가 있다. 이는 국회를 통과하는 여러 법안의 내용을 국민이 알아야 하는 것과 같은 이치이다. 그렇다면 과학자들이 자발적으로 연구 결과를 알려줄 때까지 기다리기보다, 먼저 과학자들로 하여금 그들의 연구에 대해 쉬운 언어로 이야기하도록 압력을 가해야 하는 것 아닐까?

　중세 유럽에서 신은 성직자를 포함한 소수의 사람들에 의해 독점되었다. 이는 성경이 라틴어로 쓰여 있어서 일반인들이 이해할 수 없었기 때문이다. 이러한 지식의 독점은 사회 전체를 병들게 하였고, 우리는 그 시기를 중세암흑기라 부른다. 마르틴 루터의 종교개혁은 성경을 독일어로 번역하는 일에서부터 시작되었다. 누구나 성경을 읽을 수 있도록 하기 위함이다. 과학적 지식 역시 독점되면 해악을 일으킬 수 있다. 이를 막기 위해 가장 먼저 할 일은 과학을 누구나 이해할 수 있게 만드는 것이다. 우리 시대에 과학이 정말 중요하다는 데에는 동의하면서, 과학에 관심을 갖지 않는 시민사회는 그 중요한 권리와 의무를 스스로 포기한 셈이다.

## 운동을 시작하는 방법

우주에 단 하나의 물체만 있다면 이 물체는 일정한 속도로 운동하거나 정지해 있어야 한다. 물체에 영향을 주는 다른 존재가 하나도 없으니 물체에 작용하는 힘은 당연히 0이다. 정지해 있던 물체는 정지해 있어야 하고, 등속으로 움직이던 물체는 계속 같은 속도로 운동해야 하기 때문이다. 고등학생도 아는 뉴턴의 제1법칙, 관성의 법칙이다. 난데없이 웬 교과서 같은 얘기? 조금만 참아보시라.

물체가 하나 더 생기면 상황이 급변한다. 두 물체 사이에 중력이 작용하며 서로 당기기 시작한다. 이제 두 물체는 지구-달과 같은 타원운동을 할 수 있다. 물체들이 갖는 초기 속도에 따라 포물선이나 쌍곡선같이 다양한 운동을 할 수도 있다. 하지만 다양성에는 한계가 있다. 원추곡선 이외의 형태는 불가능하기 때문이다. 원추곡선이란 깔때기 모양 원뿔의 단면을 잘라 생기는 도형을 말한다. 원, 포물선, 타원, 쌍곡선 등이 모두 원추곡선이다. 왜 원추곡선만 가능한지 알려면 중력이 존재할 때의 뉴턴 제2법칙을 수학적으로 다룰 수 있어야 한다. 한마디로 좀 어렵다는 말이다.

　중력은 힘의 일종이고, 힘은 두 물체가 주고받는 것이다. 물체 하나만 가지고는 힘을 만들 수 없다. 이렇게 만들어진 힘에서 두 물체의 지분은 완전히 똑같다. 지구는 나보다 100,000,000,000,000,000,000,000배나 무겁지만, 지구가 나를 당기는 힘의 크기는 내가 지구를 당기는 힘의 크기와 같다! 이를 뉴턴의 제3법칙이라 부른다. 높은 데서 뛰어내려보라. 나도 지구를 당기는데, 왜 지구는 가만히 있고 나만 떨어질까? 나도 지구가 나를 당기는 것과 동일한 힘으로 지구를 당긴다. 하지만 뉴턴 제2법칙에 따르면 가속도는 질량에 반비례한다. 내가 1미터 낙하하는 동안 지구도 0.000000000000000000000001미터 이동한다는 말이다. 지구도 움직였지만 너무 조금 움직여서 느낄 수 없는 것뿐이다. 힘은 관계에서 오는 것이지 어느 한쪽이 다른 쪽에 일방적으로 발휘하는 것이 아니다.

물체가 하나 더 늘어 3개가 되면 이제 그 복잡함이 도를 넘어선다. 혼돈, 그러니까 카오스현상은 서로 중력으로 당기는 물체가 3개 이상 존재하면 일어날 수 있다. 이것이 20세기 벽두, 삼체三體문제를 연구한 프랑스 수학자 푸앵카레Jules-Henri Poincaré가 얻은 결론이다. 남녀 사이의 삼각관계가 잘 풀리지 않는 과학적 이유라고나 할까. 카오스가 일어나면 운동의 미래를 예측하는 것이 거의 불가능해지며 무질서한 양상까지 보이게 된다. 이런 이유로 물리학자들은 다음과 같이 숫자를 세기도 한다. 하나, 둘, 으음… 너무 많다.

TEDTechnology, Entertainment, Design는 새로운 아이디어에 대한 강연회를 개최하는 재단인데, 짧지만 영감을 주는 강연으로 큰 인기를 누리고 있다. 2010년 발표된 데릭 시버스Derek Sivers의 〈운동을 시작하는 방법How to start a movement〉은 단 3분에 불과한 강연이지만 나는 이것을 보고 심장이 멎는 줄 알았다.

공원에서 한 남자가 일어나 웃통을 벗은 채 춤을 추기 시작한다. 주변에 사람들이 여기저기 누워 있는 좀 난감한 상황이지만, 이 남자는 개의치 않고 열심히 춤을 춘다. 얼마 후 다른 한 남자가 다가오더니 같이 춤을 추기 시작한다. 웃통을 벗은 남자는 반가이 맞아주며 함께 신나게 춤을 춘다. 이어서 세 번째 사람이 와서 자기 친구들을 손짓하여 부른다. 네 번째, 다섯 번째…. 결국 공원의 모든 사람들이 춤의 대열에 합류한다.

사람들은 처음 춤을 추기 시작한 남자를 영웅이라 부를 것이다. 하지만 시버스의 생각은 다르다. 여기서 가장 중요한 사람은 첫 번째 남자를 따라 춤을 춘 두 번째 사람이다. 두 번째 사람이 없었으면 첫 번째 남자는 그냥 바보가 되었을 것이다. 두 번째 사람이 용기를 내어 바보의 대열에 합류했을 때, 춤은 그냥 미친 짓이 아닌 의미를 가진 행위가 된다. 이제 세 번째 사람은 훨씬 적은 용기로 이 대열에 합류할 수 있으며, 세 명이 되면 이것은 하나의 운동으로 발전한다.

사실 이 동영상을 찾았을 때, 나는 물리에 대한 이야기인 줄 알았다. 제목이 〈운동을 시작하는 방법〉 아닌가? 물론 여기서 말하는 운동은 물리학자들이 말하는 운동이 아니다. 하지만 동영상을 보다가 이내 두 가지 운동이 비슷하다는 것을 깨닫게 되었다. 하나의 물체는 홀로 힘을 만들 수 없다. 이 물체가 할 수 있는 행동은 등속직선운동뿐이다. 그 물체가 사과이건 고양이이건 아인슈타인이건 사정은 같다. 두 번째 물체가 존재할 때 비로소 첫 번째 물체의 단조로운 운동에 근본적인 변화가 일어난다. 세 번째 물체가 나타나면 세상은 이미 혼돈으로 가득해지고 운동은 복잡함으로 충만해진다.

시버스의 결론을 보자. 혼자서 외로이 옳은 일을 하는 사람을 보게 된다면, 주저하지 말고 합류하는 두 번째 사람이 되어라. 여기에는 용기가 필요하다. 당신이 첫 번째 사람을 그냥 무시해버리면 그 사람은 바보가 될 것이다. 하지만 당신이 함께하기 시작하는 순간 그것은 운동이 된다.

흔한 이공계 하객

카메라맨: 부케는 포물선이 되게 던지셔야 돼요.
이공계 하객: 어떻게 던져도 포물선인데….

# 전어와 노벨상

가을은 전어의 계절이다. 전어의 영어 학명은 Konosirus punctatus인데, Konosirus는 '고노시로このしろ'라는 일본어에서 유래한 것으로 '자식 대신子の代'이라는 뜻이다. 여기에는 이런 전설이 있다고 한다. 옛날 일본에서 한 영주가 노인의 외동딸에게 청혼을 했다. 딸에게는 이미 사랑하는 사람이 있었기 때문에, 노인은 영주에게 딸이 갑자기 죽었다고 거짓말한다. 그러고는 딸 대신 관에 전어를 넣고 태웠는데, 이때 사람 타는 냄새가 났다고 한다. 전어 굽는 냄새에 집 나간 며느리도 돌아온다는 말이 있다. 사실 시집살이에 지쳐 집 나간 며느리가 고작 전어 굽는 냄새에 돌아온다는 것이 어디 말이나 될까? 이에 대해 전어 굽는 냄새를 시어머니 화장火葬하는 냄새로 오해했을지 모른다는 탁월한 해석도 있다.

과학자들에게 가을은 노벨상의 계절이기도 하다. 길거리에 전어 굽는 냄새가 나면 노벨상 수상자들이 발표되기 때문이다. 매년 10월 첫째 주, 하루에 한 분야씩 한국시간으로 대략 오후 7시쯤 공표된다. 그래서 저녁 식사로 전어를 먹으며 발표를 듣게 되는 경우도 있다. 2014년 노벨물리학상은 파란색 LED를 개발한 일본인 과학자 세 사람에게 돌아갔다. LED 개발? 얼핏 들으면 노벨상을 받을 만한 업적이 아닌 것처럼 보인다. 이것이 왜 중요한지 이해하려면 인간 눈의 특성을 알아야 한다.

눈의 망막에는 세 종류의 원뿔세포가 있다. 이들은 각기 다른 종류의 단백질 옵신opsin을 가진다. 옵신은 레티날retinal이라는 분자와 결합해 있는데, 빛을 받으면 레티날의 구조가 변하며 생화학 연쇄반응이 일어난다. 그 결과 뇌에서 빛을 인식하게 된다. 옵신은 레티날이 반응할 빛의 파장을 결정한다. 인간의 경우 붉은색(564나노미터), 초록색(535나노미터), 파란색(433나노미터), 이렇게 세 가지 빛을 흡수하는 옵신이 존재한다. 이것이 바로 RGBRed-Green-Blue라고 불리는 빛의 삼원색이다.

초록색과 붉은색 LED는 옛날에 개발되었으나 파란색 LED는 한동안 개발되지 못했다. 파란색을 얻기 위해서는 GaN 기반 반도체가 필요한데, 그 제어에 많은 기술적 어려움이 있었기 때문이다. 빛의 삼원색을 섞으면 백색이 나온다. 파란색이 나온 뒤에야 비로소 조명용 백색 LED의 상용화가 가능해진 것이다. LED는 백열전구보다 효율이 20배 좋고, 수명이 100배 길다. 전기의 25%가 조명용으로 쓰인다는 것을 고려하면 이것은 분명 중요한 발명이다. 스마트폰의 디스플레이에도 LED가 쓰인다.

인간을 포함한 영장류는 세 종류의 색을 볼 수 있지만, 대부분의 포유류는 두 종류의 색만 볼 수 있다. 한편, 파충류, 조류, 양서류는 네 종류의 색을 본다. 따라서 파란색 LED의 개발은 인간의 입장에서 보았을 때만 중요한 발명이다. 네 종류의 옵신을 가진 파충류 입장에서는 아직도 하나의 색이 남아 있다. 두 종류의 옵신만을 가진 포유류에게는 쓸데없는 짓을 한 것이다. 그렇다면 2014년 노벨물리학상은 문제가 있는 것일까? 노벨Alfred Bernhard Nobel은 수상원칙에 '인류에 가장 큰 공헌을 한 사람들'에게 상을 주라고 못 박고 있다. 인간이 기준이라는 말이다.

우리에게는 아직 노벨과학상 수상자가 없다. 그러다 보니 정부는 종종 노벨상 수상을 목표로 하는 정책을 내놓는다. 올림픽 금메달을 위해 운동선수를 육성하듯이 대규모 집중투자로 노벨상을 얻으려는 것이다. 이런 모습을 보고 한 노벨상 수상자는 그 돈을 자기에게 주면 자기 메달을 한국에 팔겠다는 농담을 한 적도 있다. 지금처럼 노벨상 프로젝트에 돈을 쏟아붓기 전에 우리가 진정 인간을 위한 과학을 추구하고 있는지부터 생각해보아야 하지 않을까?

서유구徐有榘의 『난호어목지蘭湖漁牧志』에는 "그 맛이 좋아 사는 사람이 돈을 생각하지 않기 때문에 전어錢魚라고 한다"라고 쓰여 있다. 전어는 돈만 주면 살 수 있지만, 노벨상은 그렇지 않다.

# 137분의 1

다이내믹 코리아Dynamic Korea.

딱 일주일만 한국을 떠나 있으면 이 말의 의미를 쉽게 이해할 수 있다. 불과 일주일 동안 너무나 많은 사건 사고들이 일어나기 때문이다. 만약 몇 개월이라도 외국에 나갔다올라치면 한동안 주변 사람들과 대화하는 데 장애를 겪기도 한다. 다이내믹 코리아에 사는 우리에게 빠름은 미덕이고 느림은 죄악이다.

물리학자들도 예외일 수 없다. 누군가 10년 동안 한 가지 문제를 붙들고 연구한다면 생존하기가 쉽지 않다. 초전도가 뜨면 초전도를, 나노가 뜨면 나노를, 바이오가 뜨면 바이오를 연구해야 한다. 한 시대를 풍미했던 이런 분야들을 비난할 의도는 없다. 다만, 과학자들조차 연구비를 제대로 받으려면 유행에 맞게 변신을 잘해야 한다는 말이다. 하지만 몸에 좋다고 하루 세끼를 모두 홍삼만 먹을 수는 없지 않은가? 100미터 달리기도 있고 42.195킬로미터 마라톤도 있는 것처럼, 빠른 과학이 있으면 오래 걸리는 과학도 있는 법이다. 이런 점에서 호주 과학자들의 미세구조상수 연구는 우리에게 생각할 거리를 준다.

　우주에는 기본상수라고 불리는 것이 있다. 빛의 속도 같은 것이 좋은 예시이다. 아인슈타인의 특수상대성이론은 빛의 속도가 모든 관성계에서 동일하다고 가정한다. 당신이 빛이라면 자동차를 타고 움직이나 비행기를 타고 움직이나 당신의 속도는 같다. 서울서 부산까지 자동차를 타고 가나 비행기를 타고 가나 걸리는 시간은 같을 거란 말이다! 황당하지만 우주는 빛의 속도에 절대적 가치를 부여하고 있다. 빛의 속도 말고도 중요한 기본상수로 최소 전하의 크기, 플랑크 상수, 진공의 전자기적 특성상수 등이 있다. 질량에는 가장 작은 값이 없지만 전하에는 최솟값이 있다. 전자나 양성자가 갖는 전하가 최솟값이다. 왜 그럴까? 모른다. 플랑크 상수는 양자역학에서 등장하는 상수이다. 만약 플랑크 상수가 0인 우주가 있다면 양자역학이 필요 없다. 기본상수들은 물리량이기 때문에 단위를 갖는다. 예를 들어 빛의 속도는 초속으로 30만 킬로미터, 혹은 시속으로 10억 킬로미터이다. 단위에 따라 값이 달라질 수 있다는 말이다.

빛의 속도, 최소 전하 크기의 제곱, 진공의 투자율(자기장에 대한 특성을 나타내는 상수)을 곱하고 플랑크 상수로 나누어주면 137분의 1이라는 숫자가 나오는데, 이것을 미세구조상수라 한다. 재미있게도 미세구조상수는 기본상수들의 단위가 절묘하게 서로 상쇄되어 단위가 없다. 단위라는 것은 물리량을 기술하는 기준이다. 인간은 자신의 몸을 기준으로 1미터라는 길이의 단위를 만들었다. 외계 생명체가 있다면 그 자신의 몸을 기준으로 단위를 정했을 것이다. 하지만 미세구조상수는 단위가 없으므로 우주에 사는 어떤 외계 생명체라도 똑같은 값을 얻게 된다. 뭔가 중요할 거란 생각이 들지 않는가?

미세구조상수에는 우주를 기술하는 가장 중요한 기본상수들이 모두 들어가 있다. 상대성이론(빛의 속도), 전자기학(최소 전하량, 진공의 투자율), 양자역학(플랑크 상수). 따라서 그 크기가 조금만 달라져도 우주의 모습은 많이 바뀌게 된다.

이 숫자가 4%만 변하면 별의 핵융합 반응에서 탄소가 만들어지지 못한다. 그러면 탄소를 기반으로 하는 지구상의 생명체는 존재할 수 없게 된다. 137분의 1이라는 숫자가 당신이 존재하는 데 중요한 역할을 한다는 것이다.

미세구조상수가 왜 하필 '137분의 1'인지에 대해서 많은 물리학자들이 호기심을 가진 것은 당연하다. 그중에는 미신에 가까운 집착을 보인 사람들도 있다. 파울리Wolfgang Pauli(1945년 노벨물리학상)는 137호 병실에서 임종했을 정도였다. 파인먼(1965년 노벨물리학상)도 이렇게 말했다. "신의 손이 이 숫자를 썼다고 해버릴 수도 있다. 우리는 단지 신이 어떻게 펜을 눌렀는지 모를 뿐이다." 우주의 나이가 대략 137억 년이라는 것이 알려졌을 때, 미세구조상수를 떠올린 사람은 나뿐만이 아닐 것이다. 최신 관측 결과는 138억 년에 더 가깝다니, 다소 실망스럽다.

당연히 떠오르는 질문 하나. 이렇게 중요한 미세상수가 정말 상수일까? 사실 미세구조상수가 중력의 세기에 따라 변할 수도 있다는 이론이 오래전부터 존재했었다. 이게 사실이라면 이 숫자 자체에 집착할 이유가 없어진다. 정말 미세구조상수가 변할 수 있을까? 1999년 호주의 과학자들이 별의 스펙트럼을 연구하여 미세구조상수가 수십억 년 동안 점점 커져 왔다는 결과를 얻었다. 이후 미세구조상수의 변화는 과학계의 이슈가 되었다.

2005년 노벨물리학상을 받은 정밀 측정기술을 이용하면, 유효숫자가 18개에 달하는 스펙트럼 측정이 가능하다. 이런 장비로 여러분의 키를 잰다면 171.102349283457839센티미터라고 할 수 있다는 뜻이다. 사실 여러분이 서 있을 때, 머리가 발바닥보다 지구 중심에서 멀다. 따라서 머리에 가해지는 중력이 발바닥보다 약간 작게 된다. 무지무지 작은 차이니까 '약간'이라는 부사가 무색하기는 하다. 영화 〈인터스텔라〉에도 나왔듯이 중력이 커지면 시간이 느리게 간다. 믿기 어렵겠지만 당신이 서 있을 때, 바닥에 있는 시계가 머리 위치에 있는 시계보다 느리게 간다. 물론 엄청나게 조금 느린 거지만 말이다. 스펙트럼이라는 것은 단위시간당 진동 횟수이다. 시간이 느리게 가면 스펙트럼도 변하게 된다. 따라서 스펙트럼의 정밀 측정을 통해 이런 미세한 중력의 차이를 측정할 수도 있다.

2010년 이런 기술을 이용하여 미세구조상수의 변화를 조사했으나 의미 있는 결과를 얻지 못한 바 있다. 2014년 7월

초의 연구 결과는 중력이 큰 백색왜성이라는 별에서 온 스펙트럼을 관측하여 얻은 것인데, 결국 변화가 없다는 결론을 얻었다.

미세구조상수가 정말 상수일까? 이것은 마치 원주율 3.14가 미국에서도 3.14인지 물어보는 것과 비슷하다. 하지만 호주의 과학자들은 이 문제에 20년 가까이 매달려왔다. 결국 변하지 않는다는 결론을 얻었으니 쓸데없는 일을 한 것일까?

1601년 평생 천체를 관측했던 튀코 브라헤Tycho Brahe는 숨을 거두기 직전, 자신의 관측 자료를 케플러Johannes Kepler에게 물려주었다. 케플러는 튀코 브라헤의 조언에 따라 화성의 궤도를 분석한다. 코페르니쿠스의 지동설을 지지했던 케플러는 3년간의 분석 끝에 화성의 원형 궤도를 찾아냈다. 자신이 계산한 값과 튀코 브라헤의 관측값을 비교하니 10개의 데이터에서 2분, 그러니까 30분의 1도의 오차범위 이내에서 일치함을 발견했다. 망원경도 없던 시절이니 이것은 오차도 아니었다.

하지만 나머지 두 개의 데이터에서는 8분, 즉 15분의 2도의 오차가 있었다. 케플러는 이 오차를 무시하지 않고 자신의 계산을 끝없이 재검토했다. 결국 케플러는 자신의 이론 자체가 틀린 것이라고 결론을 내린다. 화성은 원형 궤도가 아니라 타원 궤도를 돌고 있었던 것이다. 아마 당시에 행성의 궤도가 원형이 아니라는 것은 지구가 태양 주위를 돈다는 것보다 더 충격적인 사실이었을지 모른다.

확실한 증거를 볼 때까지 모든 것에 의심을 멈추지 않는 것이 과학의 본질이다. 다이내믹 코리아에 사는 우리들이 한번 생각해볼 문제가 아닐까?

흔한 이론물리학자들의 이메일

입자이론 물리학자로부터 첨부파일이 빠진 이메일을 받았다. 그래서 답장을 썼다.
"첨부파일이 암흑물질로 되어 있는지 보이지가 않네요."

곧 답장이 왔다.
"중력파를 이용해서 보시면 됩니다."
첨부파일은 여전히 없었다.

# 아주 작은 자

1969년 조지프 웨버Joseph Weber는 미국 신시내티에서 열린 학회에서 중력파를 검출했다고 발표했다. 아인슈타인이 중력파의 존재를 예언한 지 53년 만에 실험적으로 그 존재가 밝혀진 것이다. 웨버는 일약 스타가 되었다. 하지만 기쁨도 잠시, 몇 년도 채 지나지 않아 그의 실험은 잘못된 것으로 판명된다. 웨버가 옳다면 1.5미터 길이의 알루미늄바가 0.0000000000000001미터만큼 변형되는 것을 측정한 것이다. 서울-뉴욕 사이의 거리가 머리카락 굵기의 10,000분의 1만큼 변한 것을 쟀다는 뜻이다. 웨버는 그의 주장과 달리 이런 정밀도에 도달하지 못했다.

한국시간 2016년 2월 12일 오전 12시 30분 미국 '레이저 간섭계 중력파 관측소LIGO 과학 협력단'은 중력파 검출에 성공했다고 발표했다. 웨버의 꿈이 이루어진 것이다. 중력파는 이름 그대로 파동이다. 연못에 돌을 던지면 생기는 동심원의 파동이랑 같은 거다. 연못의 경우는 물이 진동한다. 물의 일부가 원래 높이보다 위로 올라가거나 아래로 내려간다는 말이다. 이것을 고상한 말로 '변형된다'고 한다. 중력파는 무엇이 변형된 걸까? 바로 시공간이다.

대부분의 사람들은 여기서 전의戰意를 상실한다. 시공간이 변형된다고? 혹자는 한술 더 떠서 시공간이 뒤틀린다고 표현하기도 한다. 어떻게 표현하든 감이 잡히지 않기는 마찬가지이다. 아지랑이가 피어오를 때 세상이 지글거리며 찌그러져 보인다. 세상 자체가 찌그러지는 것이 아니라 빛이 굴절하는 거다. 허나, 세상이 진짜 찌그러지는 거라고 생각하면 비슷하다고 할까.

사실 우리에게 익숙한 빛도 전자기장이 변형되는 거다. 핸드폰으로 주고받는 전파도 전자기장의 파동, 전자기파의 일종이다. 몸속을 들여다보는 엑스선, 피부를 검게 만드는 자외선, TV와 라디오가 수신하는 전파도 모두 전자기파이다. 지금까지 우리는 전자기파를 이용하여 우주를 탐구해왔다. 전자기장은 전자기력의 다른 표현으로 중력파도 엄밀하게는 중력장의 파동이다.

자연에는 중력, 전자기력, 약력, 강력의 네 가지 힘이 존재한다. 이 가운데 중력과 전자기력만이 공간을 전파하는 파동을 만들어낸다. 그동안 우리는 존재하는 파동의 절반만 본 것이다. 중력파 검출로 이제 세상을 보는 완전한 눈을 가지게 되었다고 말할 수 있다.

왜 그렇게 오랫동안 중력파를 보지 못한 걸까? 이유는 간단하다. 중력파의 신호가 너무 약해서 그렇다. 사실 당신이 있는 건물도 미세하게 진동하고 있다. 하지만 당신은 느끼지 못한다. 진동이 너무 약하기 때문이다. 정밀한 측정 장비를 이용하면 건물의 진동을 감지할 수 있다. 양자역학에 따르면 이 세상의 어떤 물체도 결코 정지 상태에 있을 수 없다. 뭔가 정지해 있는 것 같다면 그건 미세한 진동을 볼 수 있을 만한 능력이 되지 않는다는 얘기이다. 마찬가지로 중력파는 어디에나 있다. 그동안 이걸 검출할 만한 능력이 없었을 뿐이다.

지금은 우리에게 익숙한 전자기파도 검출해내기 전부터 오랫동안 우리 주위에 있었다. 우리 눈은 전자기파 가운데 가시광선이라 불리는 아주 작은 영역만을 감지할 수 있기에 몰랐던 거다. 전자기파의 이론은 1865년 물리학자 맥스웰에 의해 완성되었고, 20여 년 후 헤르츠Heinrich Rudolf Hertz에 의해 검출되었다. 중력파는 1915년 아인슈타인에 의해 이론적으로 그 존재가 예측되었고, 100여 년이 지나서 검출에 성공했다.

라이고LIGO에 의한 중력파 검출은 두 가지 이유 때문에 가능했다. 우선, 엄청나게 큰 중력파가 발생했다. 이것은 순전히 우연한 일이다. 두 개의 블랙홀이 충돌하며 하나의 블랙홀이 되는 사건이 일어났다고 한다. 이런 일이 얼마나 자주 일어나는지는 아직 모르지만 흔한 일은 아닐 거 같다. 한마디로 운이 좋았다는 얘기이다. 둘째로 검출기의 성능이 좋아졌다. 라이고의 경우 길이 측정 정밀도가 웨버보다 100만 배 높다.

대체 이런 정밀도는 어떻게 얻는 걸까? 소금은 나트륨과 염소 원자가 1:1의 비율로 결합하여 만들어진다. 나트륨과 염소 사이의 거리는 0.5나노미터이다. 0.0000000005미터란 얘기이다. 머리카락 두께의 10만분의 1 정도다. 무척 짧은 길이 같지만, 웨버가 측정해야 했던 길이보다 100만 배나 크다.

언뜻 생각하면 길이를 재는 것은 쉬운 일처럼 느껴진다. 아주 작은 자를 준비해서 소금에 가까이 가져간 다음 엄청나게 좋은 현미경으로 보면서 눈금을 읽으면 되는 거 아닐까? 여기에는 두 가지 오류가 있다.

첫째, 이렇게 작은 자를 만드는 것이 불가능하다. 당신이 사용하는 자도 원자로 되어 있다. 눈으로 자를 보면 매끈한 모양이지만, 점점 배율을 높여가며 확대해보면 울퉁불퉁한 지형이 보이기 시작한다. 마치 인공위성으로 본 지구는 깨끗한 구球 모양이지만 가까이서 보면 산과 강이 흐르는 복잡한 구조인 것과 마찬가지이다. 소금의 원자가 보일 지경이 되면 자도 그것을 이루는 원자가 보인다. 원자보다 작은 것은 없는데 글씨는 무엇으로 쓴다는 말인가? 레고 블록보다 작은 디테일은 레고로 만들 수 없다.

둘째, 원자를 눈으로 직접 보는 것이 불가능하다. 본다는 것은 빛이 사물에 부딪혀 튕겨서 눈의 망막에 도달한 것을 말한다. 사물이 점點이라면 망막에 점의 상像이 맺혀야 한다. 하지만 실제는 그렇지 않다. 아무리 노력을 해도 점은 뿌옇게 커지게 된다. 최선을 다했을 때, 뿌옇게 퍼지는 크기는 빛의 파장 정도 된다. 현미경이나 렌즈를 써도 이 한계를 극복할 수 없다. 이런 한계를 분해능分解能이라 부른다. 인간은 가시 광선만 볼 수 있는데, 이 경우 파장은 대략 500나노미터, 그러니까 소금을 이루는 원자들 사이 간격의 1,000배 정도 되는 셈이다. 다시 말해서 1,000개 정도의 원자들이 사람의 눈에 한 점으로 보인다는 뜻이다.

결국 원자를 볼 때 자를 사용할 수 없다. 또한, 소금 원자들 사이의 거리를 재기 위해서는 파장이 그 거리보다 짧은 빛을 써야 한다. 빛의 파장이 분해능의 한계를 주기 때문이다. 이렇게 짧은 파장의 빛을 엑스선이라 부른다. 엑스선이라고 하면 부러진 뼈가 떠오를 거다. 맞다. 바로 그 엑스선이다. 간단히 설명하기는 힘들지만 파장이 짧을수록 빛의 에너지는 커진다. 이 때문에 물체를 쉽게 뚫고 지나가서 뼈를 볼 수 있다. 엑스선을 써야 한다고 했지만 정확히 어떻게 쓰는지 이해하려면 따로 공부를 해야 한다. 이 방법을 고안한 공로로 막스 폰 라우에Max von Laue가 1914년 노벨물리학상을 받았다는 것만 말해둔다. 엑스선보다 파장이 더 짧은 빛도 있는데, 감마선γ-ray이라 한다. 감마선에 맞으면 녹색의 괴물 '헐크'가 된다. 이건 영화니까 그렇지, 사실 방사선의 일종이니 웬만하면 피하는 편이 좋다.

김상욱의 과학공부

자, 이제 라이고의 중력파 검출 실험으로 돌아가자. 라이고는 100경분의 1미터의 길이 변화를 잰다. 100경이면 1에 0을 이어서 18개 쓴 숫자이다. 현재 이렇게 짧은 파장의 빛을 직접 다루는 기술은 없다. 라이고는 가시광선을 사용한다. 여기서는 빛으로 길이 변화를 직접 보는 것이 아니라 하나의 빛을 둘로 쪼개었다가 합친 후 생기는 차이를 본다. 간섭계 interferometer라 불리는 장치의 원리이다.

두 개의 비슷한 그림을 나란히 놓고 다른 부분을 찾는 게임이 있다. 만약 하나의 그림을 투명 필름에 프린트하여 두 그림을 겹쳐보면 차이를 쉽게 찾을 수 있다. 이처럼 라이고는 길이 자체가 아니라 차이만을 관측한다. 세상에서 가장 예민한 검출기로 아주 미세한 차이를 측정하는 것이다. 이 검출기는 빛의 알갱이인 광자光子 하나를 측정할 수 있다. 더 자세한 내용을 말하면 독자들이 책을 집어던질지도 모르니 이 정도에서 마치겠다.

이런 정밀 측정 기술은 어디에 써먹을 수 있을까? 갈릴레오는 최초로 망원경을 사용하여 하늘을 정밀하게 관측한 사람이다. 이로부터 그는 태양이 아니라 지구가 돈다는 것을 확신하게 되었다. 1887년 마이컬슨Albert A. Michelson과 몰리Edward

W. Morley는 간섭계를 사용하여 빛의 속도를 정밀하게 측정했고, 광속불변원리光速不變原理를 발견한다. 이 원리는 아인슈타인이 만든 특수상대성이론의 가장 중요한 가정이다. 라이고도 바로 이 마이컬슨 간섭계를 이용한다.

조금 더 정밀하게 볼 수 있을 때, 우리의 시야도 조금 더 넓어진다. 과학혁명은 언제나 이렇게 새로 보게 된 영역에서 탄생한다.

---

물리와 섹스

Physics is like sex. Sure, it may give some practical results, but that's not why we do it.

_Richard Feynman

물리는 섹스와 같다. 물론, 그것은 실용적인 결과물을 준다. 하지만 그것 때문에 우리가 그걸 하는 건 아니다.

_리처드 파인먼

---

## 시간의 본질

잘난 체하는 물리학자를 괴롭히고 싶다면 이렇게 물어보라. "시간의 본질이 무엇인가요?" 이거 한 방이면 끝이다. 우리는 아직 시간이 무엇인지 정확히 알지 못한다. 그 근원이 무엇인지, 차원이 하나인지, 연속적으로 흘러가는지, 왜 한 방향으로만 진행하는지, 아니 정말 한 방향으로만 진행하는지조차 알지 못한다. 혹시 시간이 우주를 구성하는 기본 요소가 아니라, 보다 근본적인 것의 결과물은 아닐까?

물리학의 아버지 뉴턴은 그의 책 『프린키피아』에서 "수학적이며 진리적인 절대시간은 외부의 그 어떤 것과 상관없이 그것 자체로 흐른다"라고 썼는데, 그에게 시간은 절대적으로 존재하는 실체였다. 반면 철학자 칸트Immanuel Kant에게 시간은 인간이 세상을 보는 틀이다. 이 틀은 인간에 내재한 것으로, 칸트에게 시간은 실체가 아니라 관념일 뿐이었다. 불교에서는 시간을 실체가 아니라 변화를 기술하기 위해 편의상 도입된 개념에 불과하다고 본다. 아무튼 시간의 본질에 대해 물리학은 아무 말도 해줄 수 없다.

우리의 경험에 의하면 두 가지 사실만은 분명하다. 첫째, 시간은 어쨌든 흘러가는 것처럼 보인다. 둘째, 시간은 오직 한 방향으로만 흐른다. 시간이 흐른다는 것은 시간의 근본 속성인 듯하다. 좀 더 엄밀히 표현하면 '현재'가 '과거'로부터 '미래'로 진행한다는 것을 의미한다. 그렇다면 '현재'라는 것은 무엇일까? 나의 '현재'는 당신의 '현재'와 같은가? 뭐 이따위 질문이 다 있냐는 생각이 들 수도 있겠다.

밤하늘을 바라보면 수많은 별들이 보인다. 대부분의 별들은 지구로부터 어마어마하게 멀리 떨어져 있다. 지구에서 가장 가까운 별인 알파 센타우리도 빛의 속도로 4년 이상 가야 한다. 즉, 내가 지금 보는 알파 센타우리는 4년 전의 모습이라는 말이다. 다른 별들은 훨씬 이전의 모습이다. 따라서 밤하늘에는 수많은 과거가 펼쳐져 있다고 볼 수 있다. 우리의 '현재'가 다른 별들의 과거를 포함한다는 말이다. 이것은 별에만 적용되는 문제가 아니다. 내 옆에 있는 사람의 모습도 엄밀하게 말해서 과거의 모습이다. 그 사람 몸에서 나온 빛이 내 눈에 도달하려면 (엄청나게 짧지만) 유한한 시간이 걸리기 때문이다. 따라서 실제로 현재가 과거와 공존하는 것이다.

아인슈타인의 상대성이론에 따르면 움직이는 물체의 시간은 느리게 흐른다. 사실 움직인다는 것은 상대적인 개념이다. 일정한 속도로 움직이는 관측자는 다들 자기가 정지해 있고 상대방이 움직인다고 생각하기 때문이다. 상대성이론은 둘 다 옳다고 이야기한다. 그렇다면 움직이는 물체들 사이에 다시 '현재'의 문제가 생긴다. 나의 현재는 상대의 과거이기도 하고 나의 미래가 상대의 현재이기도 하다.

중력은 또다시 시간에 영향을 준다. 중력이 큰 곳에 있으면 시간이 느리게 흐른다. 영화 〈인터스텔라〉에서 블랙홀 근처 행성의 1시간이 지구의 7년이 되는 이유이다. 결국 '지금'이라는 것은 과거와 미래뿐 아니라 공간까지 합쳐져 존재하는 하나의 거대한 시공간적인 '것'이다. 그렇다면 시간이 흐른다는 우리의 느낌은 잘못된 걸까? 여기서 자연스럽게 두 번째 사실, 시간의 방향성 문제로 넘어간다.

물리법칙에는 시간의 방향성이 없다. 공이 낙하하는 것을 동영상으로 찍어 역방향으로 재생해도 이상한 느낌이 들지 않는다. 공이 위로 던져진 것으로 보일 뿐이다. 하지만 우리 주변을 둘러보면 분명 시간에는 방향이 있다. 방향이 없다면 왜 과거의 일을 후회하며 살겠는가? 19세기 말 물리학자 볼츠만이 이에 대한 답을 제시한다.

'루빅스 큐브'라는 정육면체로 된 퍼즐이 있다. 여섯 개의 면이 각각 하나의 색이 되도록 맞추는 장난감이다. 처음에 색이 잘 맞아 있었다고 하자. 이제 눈을 감고 마구 돌려보면 어떻게 될까? 십중팔구 색이 흐트러질 거다. 다시 눈을 감고 마구 돌려보자. 바보가 아니라면 색이 다시 맞기를 기대하지 않을 거다. 왜 그럴까? 무작위로 돌려서 색이 맞을 확률이 너무 낮기 때문이다. 처음에 색이 맞은 상태로 출발하면 거의 대부분 색이 흐트러진 상태로 끝난다. 방향성이 있다는 말이다. 하지만 큐브를 한번 돌리는 과정에서 시간의 방향성은 없다. 시계 방향으로 돌린 것을 뒤집으려면 반시계 방향으로 돌리면 그만이다. 자연에서 나타나는 시간도 같은 식으로 이해할 수 있다. 물리법칙에는 시간의 방향성이 없지만, 우주는 확률이 높은 사건의 방향으로 진행하는 것처럼 보인다는 거다. 이것을 정량적으로 기술하는 물리량을 엔트로피entropy라고 한다. 큐브의 색이 흐트러지는 동안 엔트로피는 증가한다.

큐브의 예에서는 처음에 색이 잘 맞아 있었기 때문에 시간이 흐를 수 있었다. 어렵게 말하면 처음에 엔트로피가 작았다는 거다. 우주에 시간이 흐르려면 우주의 초기에 엔트로피가 작았어야 한다. 우주의 시초에 큐브 색이 맞아 있었을까? 현대 우주론에 따르면 우주는 빅뱅이라는 폭발로 시작되었다. 빅뱅의 순간 우주는 하나의 점으로 응축되어 있었는데, 이것은 엔트로피가 극도로 작은 상태이다. 결국 시간이 한 방향으로 흐르는 것처럼 보이는 이유는 우주가 빅뱅에서 시작되었기 때문이다. 인간의 의식은 뇌에서 일어나는 열역학적 과정의 산물이고, 이것 역시 엔트로피의 변화로 기술된다. 우리가 심리적으로 느끼는 시간의 방향성도 빅뱅 때문이라는 말이다.

여기까지는 고전역학의 입장에서 바라본 시간의 여러 측면이다. 원자와 분자 같은 미시세계의 대상들은 고전역학으로 이해할 수 없고, 양자역학이라는 새로운 이론이 필요하다. 양자역학은 그 내용을 이해한 사람이 아무도 없을 거라는 농담이 있을 만큼 난해하기로 유명하다. 양자역학의 운동법칙도 고전역학처럼 시간의 방향성은 없다. 하지만 여기서 시간은 더욱 미묘한 방식으로 존재한다. 양자역학의 핵심은 측정이라는 행위가 대상의 성질을 바꾼다는 데 있다. 이 때문에 측정이 있기 전에는 대상에 대해 아무것도 알 수 없다고까지 말한다. 내가 달을 보지 않으면 달이 없는 거냐는 아인슈타인의 화두가 있을 정도이다.

양자역학의 측정은 시간의 의미에도 심대한 영향을 준다. '휠러John Archibald Wheeler의 지연된 선택'이라 불리는 실험에서는 사건이 일어난 시점이 아니라 측정할 때 과거가 결정된다. 또, 측정이라는 행위를 통해 이미 일어난 과거를 바꾸는 것조차 가능하다. 양자 지우개quantum eraser라 불리는 현상이다. 이쯤 되면 양자역학에서 시간이라는 것이 무엇인지 더욱 오리무중이 된다. 양자역학과 상대성이론을 동시에 생각하기 시작하면 대개의 사람은 정신분열 증세가 나타난다. 여기는 아직 물리학적으로도 미지의 분야이다.

시간이 무엇인지 알지 못하는 지금도 시간은 여전히 흐르고 있다.

# 『쿼런틴』은 어디까지 구라인가

양자역학의 난해함에 대해서는 모든 물리학 천재들이 서로 뒤질세라 한마디씩 남겼다.

양자역학을 연구하면서 어지럽지 않은 사람은 그걸 제대로 이해 못한 거다.
_닐스 보어

양자역학을 완벽히 이해한 사람은 아무도 없다.
_리처드 파인먼

양자역학을 아는 사람과 모르는 사람의 차이는 양자역학을 모르는 사람과 원숭이의 차이보다 더 크다. 양자역학을 모르는 사람은 금붕어와 전혀 다를 바가 없다.
_머리 겔만

이들이 누군지 모를 분들도 계실 거다. 세 사람 모두 이론물리학으로 노벨물리학상을 받았을 뿐이다. 금붕어 이야기에 기분이 상하셨다면 바로 잊어버리시길. 겔만Murray Gell-Mann은 말을 막 하는 것으로 유명하니까.

그렉 이건Gregory Mark Egan의 소설 『쿼런틴Quarantine』은 난해한 양자역학을 정면으로 다루는 하드SF이다. 우리나라에서 이 책은 이미 절판되었으나 마니아들 사이에 고가로 거래되고 있다. 원래 가격의 두 배는 보통이고, 서너 배를 호가하는 경우도 흔하다.

소설의 제목 『쿼런틴』은 격리라는 뜻이다. 2034년 11월 15일 태양계가 우주로부터 격리된다. 정체를 알 수 없는 버블이 태양계를 둘러싸버린 것이다. 버블이 지구를 둘러싸서 태양이 보이지 않으면 지구 생명체는 끝장났을 거다. 하지만 태양계 전체의 격리라면 별만 보이지 않을 뿐이다. 별이 안 보인다면 내가 아는 대부분의 천문학자들은 미쳐버릴지도 모르겠다. 허나 대부분의 사람에게는 별일 아닐 수 있다. 대체 이 버블은 누가 왜 만든 것일까? 답을 이해하려면 양자역학을 알아야 한다.

양자역학의 핵심 원리 첫 번째. 관측이 대상에 영향을 준다. 글쎄, 이게 뭐 놀라운 일인가? 지하철에서 당신이 앞에 앉아 있는 사람을 한동안 노려보면 상대가 자리를 양보할 거다. 물론 "뭐 이런 게 다 있어?" 같은 말을 들을 수는 있다. 양자역학에서 말하는 관측의 영향은 이것과 다르다. 이를 설명하려면 양자역학이 갖는 또 하나의 핵심 원리인 양자 중첩 superposition을 알아야 한다.

양자 중첩이란 공존할 수 없는 두 개의 성질을 동시에 갖는 것을 말한다. 웃음이 나오면서 슬플 때 '웃프다'는 표현을 쓰는데, 이것은 양자역학의 중첩이 아니다. (더구나 잘못하면 '썩소'가 될 수 있으니 주의를 요한다.) 죽어 있으면서 동시에 살아 있을 수 있다면 이것은 중첩이다. 좀비를 말하는 것이 아니다. 말 그대로 살아 있으면서 동시에 죽어 있는 거다.

좀 더 물리학적으로 말해서 당신이 한 순간 두 장소에 동시에 있을 수 있다면 중첩이다. 몸을 둘로 나누라는 말이 아니다. 글자 그대로 하나의 몸이 동시에 두 장소에 있는 것이다.

이게 말이 되냐고? 원자나 전자가 사는 미시세계에서는 중첩이 일상적으로 일어난다. 사실 이 때문에 물리학자들은 일

찌감치 돌이킬 수 없는 정신적 충격을 받았다. 앞서 소개한 물리학자들의 어록이 그 결과물이다. 아무튼 동시에 두 장소에 있을 수 있다면 전자 하나로 두 개를 만들고, 그 두 개로 각각 두 개씩, 그러니까 모두 네 개를 만들 수 있다. 이런 식으로 무한히 많은 전자를 만들 수 있다는 말인가? 그렇다면 이건 예수가 했다는 오병이어伍餠二魚의 기적이 아닌가!

진실은 미묘하다. 중첩 상태에 있는 전자가 정말 두 장소에 동시에 있는지 알아보려면 눈으로 보아야 한다. 양자역학 이야기를 하다 보면 당연한 것을 이처럼 심각하게 말해야 한다. 좀 더 어려운 말로 '관측'을 해야 한다. 그런데 막상 관측을 하면 전자는 한 장소에서만 발견된다. 관측이 대상의 상태를 바꾸었기 때문이다. 여기서 관측은 중첩 상태를 깨는 역할을 했다. 살다 보니 별 헛소리를 다 들어본다는 반응을 보여야 정상이다. 막상 보면 한 장소에만 있다고? 그렇다면 동시에 두 장소에 있다고 한 것이 거짓이잖아? 이거 사기네. 안타깝지만 전자는 분명 두 장소에 동시에 있었다. 관측하는 행위가 전자를 한 장소에 있도록 만든 것이다. 이런 짧은 글에서는 자세한 이야기를 할 수 없으니 독자로서는 필자를 믿는 수밖에 없다. 필자는 양자역학으로 밥벌이하는 사람이라는 것만 밝혀두겠다.

아무튼 이처럼 관측을 통해 중첩이 깨지며 하나의 상태로 결과가 귀결되는 과정을 '파동함수의 붕괴collapse'라고 부른다. 단어가 무척 생소할 거다. 한국어판『쿼런틴』에서는 '붕괴' 대신 '수축'이라고 표기했다. 파동함수란 양자역학이 가질 수 있는 괴상한 상태를 기술하는 수학적 도구이다.

양자역학의 세계에서는 선택이 일어날 때마다 중첩이 생성된다. 짜장면을 먹을까 짬뽕을 먹을까 고민하는 순간, 우주는 이 두 선택의 중첩으로 나뉜다는 말이다. 그렇다면 나의 의지가 중첩과 관계있는 것일까? 진실은 간단하지 않다. 당신이 가만히 있다고 선택을 안 하는 것은 아니다. 당신이 움직일지 가만히 있을지 선택한 결과 가만히 있는 것일 수 있기 때문이다. 결국 매순간 우주의 모든 '것'들에서 끊임없이 중첩이 만들어지고 있는 것이다. 그렇다면 이 중첩 상태들은 다 어디에 있는가? 이것은 양자역학이 만들어진 이래 오랫동안 물리학자들을 괴롭혀온 질문이다.

다세계 해석에 따르면 중첩을 이루는 모든 상황들은 동시에 존재한다. 이들은 서로 독립적인 우주이다. 우리는 그 우주들 가운데 하나의 우주에만 살 수 있다. 예를 들어 짜장면을 먹을지 짬뽕을 먹을지 고민하다 결정을 내렸다면 우주는 내가 짜장면을 먹는 우주와 짬뽕을 먹는 우주로 나누어진(!) 것이다. 헛소리에 웃기는 짬뽕 추가라는 생각이 들면 정상이다. 물론 나는 짜장면을 먹거나 짬뽕을 먹는 하나의 우주에만 존재한다. 이 문제에서는 나의 자유의지가 결정을 내리는 것으로 보인다. 하지만 전자가 여기 있거나 저기 있는 중첩 상태에 있다가, 관측을 통해 어느 한 장소에 있게 되는 경우를 생각해보자. 여기서 그 결과가 얻어진 이유가 무엇인지는 확실치 않다. 사실 양자역학의 표준 해석에 따르면 이 경우 전자의 위치는 완전 무작위(!)적으로 결정된다. 양자역학은 특정 결과가 얻어질 확률만을 알려줄 뿐이다.

양자역학의 정통 해석인 코펜하겐 해석에 따르면 내가 관측하여 얻은 결과를 제외한 다른 가능성은 모두 사라져버린다. 내가 짜장면을 먹기로 했다면 짬뽕을 먹는 우주는 사라져버린 것이다. 이것은 형이상학적 문제일 수도 있다. 짬뽕을 먹는 우주가 존재하든 존재하지 않든, 짜장면을 먹는 우주에서는 다른 우주의 존재에 대해 어떤 단서도 얻을 수 없기 때문이다. 아무튼 관측이 다른 가능성을 모두 없애는 것이라 볼 수도 있다.

『쿼런틴』에 나오는 버블은 바로 인간의 관측에 의한 우주의 대량 학살을 막기 위해 설치된 것이다. 지금까지 열심히 설명을 따라왔어도 여전히 이게 무슨 말인지 감조차 안 올 수도 있다. 너무 실망하지 말고 파인먼의 말을 되새겨보시라. ("양자역학을 완벽히 이해한 사람은 아무도 없다.") 인류가 지구에 나타나기 전, 망원경을 가지고 우주를 관측하는 생명체는 없었다. 우주는 수많은 중첩 상태를 이루며 진행했을 것이다. 우주의 어떤 생명체는 이런 중첩 상태를 넘나들며 살고 있었다. 소설에서는 대체 이런 생명체가 어떻게 가능하다는 것인지, 아니 이게 정확히 뭘 의미하는지조차 자세히 설명하지 않는다. 이것은 작가의 책임이 아니라고 생각한다. 이런 걸 누가 알겠는가? 아무튼 인류가 우주를 속속들이 관측하기 시작하자 우주가 수축(붕괴)하기 시작했다. 인간의 관측이 중첩 상태의 우주들을 학살하기 시작한 거다. 이에 존재의 위협을 느낀 외계 생명체는 태양계를 봉쇄한다. 인류가 우주를 관측하여 수축시키지 못하도록.

약 빨지 않고는 나올 수 없는 아이디어이다. 『쿼런틴』은 버블에서 더 나아간다. 만약 우리가 양자 중첩 상태를 마음대로 제어할 수 있다면 어떤 일이 일어날까? 주사위를 100번 던져 연속적으로 1만 나오게 할 수 있을까? 물론 무지무지 어려울 거다. 이건 로또 당첨보다 어렵다. 하지만 확률이 0은 아니다. 따라서 이런 희귀한 사건도 양자 중첩 상태 가운데 하나로 존재할 수 있다. 이제 우리가 파동함수의 붕괴 과정을 제어할 수 있다면 이런 결과가 나오는 우주를 잘 고르기만 하면 된다. 이게 말이 될까? 여기서 『쿼런틴』은 소설로서의 정체성을 진하게 드러낸다. 소설은 과학이 아니다.

가능한 모든 경우에서 원하는 결과만 골라낸다는 아이디어가 아주 새로운 것은 아니다. 영화 〈은하수를 여행하는 히치하이커를 위한 안내서〉에는 '무한 불가능 확률 추진기'라는 것이 등장한다. 확률적으로 도저히 일어날 법하지 않은 것을 일어나게 하는 것이다. 날아오던 미사일들이 피튜니아 화분과 고래로 변할 확률도 0이 아니니까 일어난다는 식이다. 하지만 결과 선택의 주체가 누구인지는 여전히 불확실하다. 『쿼런틴』에서 결과를 선택하는 것은 주인공 닉의 의도이다. 여기에서 이 소설은 한 번 더 비틀기를 시도한다.

『쿼런틴』은 미래에 인간이 의식을 마음대로 제어할 수 있는 단계에 도달했다고 가정한다. 모드mod라는 것인데, 이것을 뇌에 장착하면 사랑하는 아내의 죽음에도 슬픔을 전혀 느끼지 못하는 상태가 될 수 있다. 여기서 강조할 것은 이런 마음이 진심이라는 것이다. 사실 이쯤 되면 진심이라는 단어가 무엇을 의미하는지 고민해봐야 한다. 내가 잠자는 동안 항우울제를 처방하여 우울한 기분이 사라졌다면 이 기분은 나의 진심일까?

나의 의식은 우주를 선택한다. 하지만 나의 의식은 자유의지의 산물인가? '모드'의 결정은 '모드'라는 신경회로의 자유의지인가? 사실 모든 것이 무작위로 정해지는 양자역학의 세계에서 자유의지가 무엇인지는 그리 명확하지 않다. 양자역학에서 자유의지까지 오면 이제 갈 데까지 간 것이다. 수습 불가의 상황이란 얘기이다. 작가 그렉 이건은 이 난국을 어떻게 수습했을까? 『쿼런틴』의 마지막 문장이다.

모든 것은 결국 평범한 일상으로 귀속되는 법이다.

그러하다.

# 신은 주사위를 던진다

사형제를 폐지해야 하나, 유지해야 하나. 죽을 권리를 인정해야 하나 부정해야 하나. 짜장면을 먹을까 짬뽕을 먹을까. 우리는 살아가며 수많은 선택의 순간들을 경험한다. '사느냐 죽느냐 그것이 문제로다!'라며 고민하는 햄릿이 아니더라도, 매 순간 우리 모두 햄릿의 소리 없는 아우성 속에 살아가고 있는 건지도 모른다. 전쟁터에서의 선택은 종종 승부의 명암을 가른다. 노르망디 상륙작전을 앞두고 폭풍이 치는 바다를 건너야 할지 고민하는 것은 지휘관의 권한이자 고통스러운 의무이다. 결국 연합군 사령관 아이젠하워는 작전 감행을 선택했고, 그 이후는 역사가 말해주는 대로다.

선택은 물리학에서도 중요하다. 이 실험을 할지, 아니면 저 실험을 할지 선택을 해야 하니까 중요하다는 말이 아니다. 선택이라는 주제 자체가 물리학의 중요한 관심사라는 거다. 선택을 하는 가장 쉬운 방법은 뭘까? 당연히 그냥 무작위로 고르는 것이다. 점심에 짜장면을 먹을 것인가 짬뽕을 먹을 것인가? 무작위로 정한다고는 했지만, 스스로 결정하면 아무래도 자신의 무의식적인 선호도가 작용한다. 그래서 등장하는 것이 동전이다. 앞면이 나오면 짜장면, 뒷면이 나오면 짬뽕. 이제 만족스러울까? 동전으로 선택하는 것이 무작위로 보이는 것은 동전이 던져지는 순간, 어떤 결과가 나올지 우리가 알 수 없다고 믿기 때문이다.

당신이 이렇게 간단히 생각한다면 "세상은 넓고 할 일은 많다"는 이야기를 까먹은 탓이다. 세상에는 물리학자라는 사람들이 있다. 이들에게 충분히 강력한 컴퓨터가 주어지면, 중력, 동전의 초기 위치, 당신이 동전에 가한 힘, 공기 마찰 등을 바탕으로 동전의 운동 궤적을 예측하는 것이 가능하다. 물론 쉬운 일은 아니지만, 불가능한 일도 아니다. 동전던지기가 무작위라는 것은 동전의 운동을 예측하기 위해 필요한 물리적 지식과 정보를 가지지 못한 사람에게만 해당한다는 말이다. 노르망디 상륙작전 개시를 결정할 사람이 초등학교를 다니는 필자의 막내딸이었다면, 그 결정은 거의 무작위적인 결정과 다를 바 없다. 하지만 기상을 완벽하게 예측하는 컴퓨터를 가진 미래의 과학자라면 선택의 여지가 없는 선택이 될 것이다. 지식과 무작위성이 서로 관련이 있다는 말이다.

무작위적 선택에 담긴 심오한 물리적 의미를 처음 간파한 사람은 독일 물리학자 볼츠만이었다. 커피에 설탕을 넣고 저어주면 시간이 지남에 따라 설탕 가루가 커피에 고르게 섞인다. 하지만 고르게 퍼진 설탕을 아무리 오래 저어주어도 다시 한곳에 모이는 일은 결코 일어나지 않는다. 왜 그럴까?

동전으로 바꾸어 생각해보자. 동전 100개를 준비해서 모두 앞면이 보이게 늘어놓는다. 이것은 설탕이 한곳에 모인 것과 비슷한 상태이다. 이제 동전을 마구 흔들어주자. 동전의 면이 뒤죽박죽 될 것이다. 하지만 어쩌다 정말 재수가 좋으면 (무시무시하게 좋아야 한다) 모두 앞면이 될 수도 있다. 이런 일이 일어날 확률은 2분의 1을 100번 곱하여 구해지는데, 대략 1,000,000,000,000,000,000,000,000,000,000분의 1 정도가 된다. 1초에 한 번씩 동전을 흔들어준다면, 우주의 나이를 10조 번 반복해야 한 번 정도 일어날까 말까 하는 사건이다. 커피의 설탕이 한곳에 모이는 것은 이보다 훨씬 더 일어나지 않을 법한 사건이다.

하지만 앞서 이야기했듯이 엄밀한 의미에서 동전던지기의 결과는 무작위적이지 않다. 뉴턴의 운동법칙에 따라 누군가 결과를 계산하는 것이 원칙적으로 가능하기 때문이다. 이 문제는 우주에 진정한 무작위성이 있는가 하는 질문으로 귀결된다. 그렇다면 운동법칙이 존재하는 한 진정한 무작위성은 없는 걸까?

20세기 초 새로이 탄생한 양자역학이라는 학문은 우리에게 우주가 가진 이상한 성질을 알려주었다. 양자역학이 다루는 세계에서는 동전을 던졌을 때, 앞면과 뒷면이 동시에 존재하는 상태가 가능하다는 거다. 동전이 옆으로 섰다는 뜻이 아니다. 말 그대로 앞면이면서 뒷면이라는 거다. 이게 무슨 뚱딴지 같은 말인가? 눈으로 확인해보면 될 거 아닌가. 맞는 말이다. 눈으로 확인하면 앞면 아니면 뒷면이다. 하지만 확인하기 전까지는 두 가지 가능성을 모두 가진다. 그거야 보통의 동전던지기도 마찬가지 아닌가? 보기 전까지는 모르니까. 하지만 여기에는 근본적인 차이가 있다.

양자역학은 원자나 분자와 같이 너무 작아서 보이지도 않는 것을 대상으로 한다. 머리카락 굵기 정도의 길이면 원자를 일렬로 수십만 개나 늘어세울 수 있다. 양자세계에서는 하나의 원자가 두 개의 장소에 동시에 있는 것이 가능하다. 실제로 원자가 한 장소에 있는데, 우리가 어디 있는지 몰라서가 아니라 원리적으로 두 장소 모두에 존재한다. 무슨 말인지 모르겠다면 당연하다고 답해주겠다.

원자가 있는 두 장소를 동전의 앞면, 뒷면으로 생각해도 무방하다. 동전을 던지고 확인해보니 앞면이었다. 그렇다면 확인하기 전에도 앞면인 것이 당연한 거 아닌가? 양자역학은 확인하기 전에 동전이 앞면인지, 뒷면인지는커녕 동전의 존재 자체에 대해서도 이야기하지 말라고 가르친다. 황당한 이야기로 들리겠지만, 양자역학이 없다면 우리 문명은 19세기로 돌아가야 한다.

다시 무작위성 문제로 돌아가자. 동전을 던지고도 확인하기 전까지 앞면인지 뒷면인지 모른다면 앞면, 뒷면을 결정하는 것은 완벽히 무작위적이라 할 수 있다. 동전을 던지는 순간 아무것도 예측할 수 없기 때문이다. 따라서 진정한 무작위성은 양자역학에서 나온다.

아인슈타인은 양자역학의 무작위성을 죽을 때까지 받아들이지 않았으며, "신은 주사위를 던지지 않는다"라는 유명한 말을 남겼다. 양자역학의 핵심 개념 가운데 하나를 제안한 공로로 노벨상을 받은 아인슈타인이었기에, 그의 이런 반대는 아이러니하다고 할 수밖에 없다. 필자에게 이 명언은 다음과 같은 모습을 떠올리게 한다. 물리학의 혁명을 진두에서 지휘하던 백전노장이 결국 낡은 전술에 사로잡혀 서서히 침몰하는 배에서 장렬한 최후를 맞이하는 비장한 풍경. 이제 우리는 알고 있다. 신이 주사위를 던진다는 사실을.

## 양자역학의 양자택일

우리는 끊임없는 선택 속에서 살아간다. 능력 없는 필자는 젊은 시절 삼각관계를 경험해보지 못했지만, 더 나은 상대를 골라야 하는 연인의 난처함은 짐작하고도 남음이 있다. 우리가 몸담고 있는 이 우주도 선택의 스트레스에서 자유롭지 못하다. 강원도 정선 카지노에서 던져진 주사위가 6이 나오도록 해야 하나, 망설이는 카이사르의 어깨를 밀어 루비콘 강을 건너게 해야 하나. 선택의 순간에 결정을 내리도록 하는 것은 무엇일까?

우리가 내리는 결정이 모두 뇌에서 이루어지는 것을 보면 뇌 어딘가에서 우리를 부추기는 것이 분명하다. 뇌라는 것도 사람의 몸을 이루는 한 기관이니까 기껏 해야 세포들의 집합에 불과하다. (그래, 미안하지만 브리태니커 백과사전은 알파벳들의 집합에 불과하다.) 뇌를 이루는 세포를 가리켜 뉴런이라 부르는데, 한 사람의 뇌에는 대략 수천억 개의 뉴런이 있다고 한다. 많은 수가 아니라고? 뉴런 하나에 이름을 하나씩 붙여보자. 일식이, 이식이, 삼식이···. 뉴런 하나의 이름을 부르는 데 1초씩 걸린다고 해도 다 부르는 데 대략 몇 만 년이 걸린다. 어느 뉴런이 결정을 내리는지 알아보는 것은 어쩐지 쉬운 일이 아닐 듯하다.

뉴런이 결정을 내린다고 했지만 사실 뉴런은 뇌가 없다. (어째 조금 썰렁하다.) 뉴런은 단지 전기신호를 입력받아 한 번 죽 훑어본 후 다시 전기신호를 출력하는 기능만 한다고 알려져 있다. 뉴런으로 들어오는 신호는 아주 많은 반면, 나가는 신호는 단 하나뿐이다. 마치 전시 작전사령부와 비슷하다고 하겠다. 사방팔방에 뿌려진 척후대斥候隊와 스파이로부터 온갖 정보가 들어오지만 공격 명령은 단 한 사람의 한마디에 의해 내려진다. 뉴런이 신호를 내보낼지 말지를 결정하는 방법은 생각보다 단순하다. 들어온 신호 전압의 합이 어느 이상 되면 참지 못하고 방아쇠를 당겨버린다. (영어로 'fire' 한다고 하니까 아주 적절한 표현이다.) 그렇다면 이제 선택의 순간 결정을 내리는 것이 누구인지 정체가 드러난 것 같다. 바로 들어오는 신호들이 뉴런의 결정을 강제하는 것이리라.

　하지만 조금만 생각해보면 이것은 함정에 빠진 것임을 깨닫게 된다. 들어오는 신호는 누가 만드는가? 이것도 뉴런이 만든다. 그렇다면 뉴런은 어떻게 신호를 만드는가? 뉴런에 들어온 신호가 어느 임계값을 넘었으니 만들었겠지. 오호라. 우리는 '닭이 먼저냐 달걀이 먼저냐'라는 유명한 늪에 빠져버린 것이다.

　어려운 문제는 비껴가는 것이 상책이다. 뇌 속에서는 일단 뉴런이 결정을 내린다고 하고, 선택에 관한 조금 더 본질적인 질문을 생각해보자. 동전을 던져 앞면이 나오면 짜장면, 뒷면이 나오면 짬뽕을 먹기로 한다. 동전에 운명을 맡기기로 했지만, 마음 한구석에는 짜장면을 먹었으면 하는 마음이 있다. 동전을 적당히 던져 앞면이 나오게 할 수 있을까? (물론 남이 안 볼 때 동전을 살짝 내려놓는 속임수는 안 통한다고 치자.) 동전이 손을 떠나는 순간 동전의 위치와 속도, 회전 각운동량 등 모든 초기조건을 정확히 알고 있고, 마찰, 중력 등 동전의 운동에 관여하는 힘들을 다 알고 있다면 원리적으로 동전의 미래를 예측하는 것이 가능하다. 여기까지는 앞서 "신은 주사위를 던진다"에서 이야기한 것과 같지만, 빠뜨린 것이 하나 있다. 바로 초기조건을 얼마나 정확히 알아야 하는가 하는 문제이다.

고전역학의 대상이 되는 많은 계들은 카오스를 보인다. 카오스를 보이는 계의 가장 중요한 특징은 초기조건에 지수함수적으로 민감하다는 것이다. 지수함수를 다른 말로 기하급수라고도 한다. 맬서스Thomas Robert Malthus의 인구이론이 무시무시한 미래를 예견하는 것은 바로 기하급수의 끔찍한 성질 때문이다. 나비효과라는 기막힌 비유로 카오스를 설명한 로렌츠Edward Norton Lorenz를 언급하지 않더라도 미래를 예측하기 위해 지불해야 하는 초기조건의 정확도는 종종 인간의 한계를 뛰어넘는다. 하지만 기하급수라는 한계를 넘을 수만 있다면 원리적으로 미래를 예측하는 것이 가능하다. 고전역학에서는 원리적으로 무작위적인 동전던지기란 없는 셈이다. 뭔가 무작위적이라면 그것은 정보를 충분히 확보하지 못한 우리의 책임이다. 물론 이렇게 이야기하기에는 기하급수의 위력이 가공할 만하다는 점을 지적해둔다.

뉴런으로 들어오는 신호는 뉴런과 뉴런이 만나는 시냅스라는 작은 부분을 통과하게 된다. 시냅스에서 일어나는 일은 자세히 설명하지 않겠지만, 《시냅스》라는 이름을 가진 국제 과학 저널이 따로 있다는 것만 말해두겠다. 시냅스에 있는 두 뉴런 사이의 작은 빈 공간은 폭이 20나노미터에 불과한데, 여기에 원자들을 일렬로 늘어놓아도 200여 개밖에 들어가지 않는다. 따라서 시냅스에서 일어나는 일은 거시세계의 일이라기보다 미시세계의 일에 가깝다. 선택을 내리는 뇌의 가장 핵심적인 부분이 미시세계를 기술하는 양자역학의 지배를 받을지도 모른다는 말이다.

사실 이런 이야기는 필자의 생각이라기보다 로저 펜로즈 Roger Penrose라는 유명한 물리학자의 주장이다. 한마디로 하자면 '뇌는 양자 컴퓨터이다!' 물론 로저 펜로즈는 시냅스가 아니라 미세소관을 후보자로 생각하고 있지만 미세소관에 양자역학을 적용해야 한다면 시냅스도 그래야 할 거다. 뇌가 양자 컴퓨터라는 제안에 대한 정통 학계의 반응은 싸늘하지만 펜로즈의 추종자들은 오늘도 열심히 실험을 하고 있다.

양자역학의 선택은 거시세계를 지배하는 고전역학과는 사뭇 다르다고 알려져 있다. 양자역학은 원리적으로 무작위적이다. 더 나아가 양자역학의 이상한 점은 동전을 던졌어도 여전히 결과를 알 수 없다는 데서 절정에 이른다. 이게 무슨 뚱딴지 같은 말인가? 동전이 앞면인지 뒷면인지 알고 싶으면 동전을 관측해서 결과를 확인해야 한다는 말이다. 동전이 떨어졌어도 관측 이전에 여전히 결과를 확정할 수 없다는 점은 양자역학의 핵심적인 원리이다.

즉, 자연의 기술은 크게 두 부분으로 구성되어 있는데, 하나는 자연의 법칙을 따라 계가 진행하는 것이고 다른 하나는 결과를 얻기 위해 계를 관측하는 것이다. 짜장면을 먹을지 짬뽕을 먹을지 결정하려고 동전을 던졌는데 여전히 결과를 관측할지 안 할지 하는 나의 주관이 개입될 여지가 남아 있다는 말이다. 뉴런에서와 같이 다시 '닭과 달걀'의 늪에 빠진 걸까?

결과를 알기 위해 관측을 해야 한다는 말은 아무리 생각해 봐도 이상하다. 그렇다면 양자역학은 무엇을 예측하는 이론인가? 실험 결과를 직접적으로 알려주는 이론이라면 관측을 따로 떼어내서 이야기할 필요가 없다. 답은 다소 모호한데, 양자역학은 계의 '상태'를 기술하는 이론이다. 상태는 관측 결과를 확률적으로 예측할 수 있게 해준다. 쉽게 말하면 양자역학으로 동전 문제를 열심히 풀어봐야 앞면이 나올 확률이 얼마, 뒷면이 나올 확률이 얼마 하는 식의 답밖에 얻을 수 없다는 말이다.

양자역학의 기이한 부분을 조금 더 이야기해보자. 관측을 해보았더니 동전은 앞면이었다. 바라던 짜장면이다. 그렇다면 이런 질문을 해보자. 관측을 하기 바로 직전에 동전은 앞면이었나, 뒷면이었나? 그야 물론 앞면이었겠지. 그러니 관측했을 때 앞면이 나온 거 아냐? 이렇게 의기양양하게 이야기하실 분들이 많을 것 같은데, 과연 그럴까?

'관측하기 직전에 동전은 앞면도 뒷면도 아니었다.' 이것이 양자역학이 제시하는 정답이다. 어라? 관측했더니 앞면이라며? 그렇다면 바로 직전, 그러니까 관측하기 0.00000000000000001초 전에는 앞면인 것 아닌가? 다시 이야기하지만 관측하기 전에 동전이 앞면이었는지 뒷면이었는지에 대해서는 아무것도 말할 수 없다. 만약, 관측 직전 동전이 앞면이었다면 이미 앞면에 있는 동전을 이론이 예측 못 한 것이 된다. 즉, 결과가 결정되어 있는데도, 이론이 불완전하여 확률적인 답을 준 것이란 얘기이다. 이것은 양자역학 스스로 부족한 점이 있음을 자인하는 꼴이 된다. 주사위를 던지는 건 우리가 아니라 신이다.

어쨌든 양자 동전던지기에서는 적당히 던져서 앞면이 나오도록 조작하는 방법은 없다고 할 수 있다. 이로써 앞서 등장한 소설 『쿼런틴』의 내용이 구라임이 드러났다. 결국 양자역학에서는 완벽히 무작위적인 선택이 가능하다는 얘기이다. 양자 동전던지기야말로 세상에서 가장 공정한 선택 방법인 셈이다. 펜로즈가 주장한 대로 뇌가 양자역학적으로 작동한다면(다시 말하지만 다수의 의견은 아니다) 우리가 내리는 결정은 본질적으로 무작위적일 수 있다.

그렇다면 우주의 이런 확률적 본성이 자유의지의 근거가 되는 걸까? 짜장면이 먹고 싶은 것도 짜장면과 짬뽕의 양자 택일 사이의 확률적인 관측 결과에서 오는 것인가?

양자역학의 확률적 특성과 관련하여 미묘한 철학적 논쟁은 자유의지의 근거가 양자역학에 있느냐 하는 것이다. 과학을 종교적 믿음의 도구로 사용하기 좋아하는 일부 기독교도의 경우, 종종 자유의지의 존재가 물리학적으로 (양자역학적으로) 보장되고 있다고 주장한다. 이것이 사실이라면 하나님에 대한 믿음도 자유의지에 의한 선택이라기보다 완전히 무작위적인 확률적 선택의 결과라고 할 수 있다. 자유의지에 대해 더 많은 것을 알고 싶은 사람은 뒤에 나오는 "자유의지의 물리학"을 참고하시라.

양자역학은 양자택이兩者擇二한다. 둘 중에서 하나를 고르는 것은 우리 자신이다. 당신이 짜장면을 먹기로 결정했다면 이미 신은 주사위를 던진 셈이다. 우리는 그것을 자유의지라고 부르지만 말이다.

거의 20년 전 일이네. 내가 무얼 연구하는지 막스 플랑크가 물은 적이 있지. 그래서 내 마음 속에 막 떠오르기 시작한 일반상대성이론의 뼈대에 대해 설명해주었네. 그랬더니 이렇게 말하더군.

"선배로서 하는 말인데 그런 연구는 하지 말게나. 왜냐하면 우선 자네가 성공하지 못할 것이고, 설령 성공하더라도 아무도 자네를 믿지 않을 걸세."

_알베르트 아인슈타인

제4장

# 물리의 인문학

# 상상력이 우리를 구원하리라

미국 조지아 공대 아쇼크 고엘Ashok Goel 교수는 2016년 1월부터 '질 왓슨'이라는 인공지능 조교를 이용했다. 질 왓슨은 학생들의 질문에 답하고 상담을 해주었는데, 학생들은 이 조교가 인공지능이라는 것을 몇 달 동안 전혀 알지 못했다고 한다. 2016년 5월 미국의 대형 로펌 '베이커 앤드 호스테틀러'는 인공지능 '로스'를 변호사로 고용했다. 로스는 고객과 관련한 새로운 판례나 정보를 수집하고 분석하며 인간 변호사의 업무를 돕게 된다. '질 왓슨'과 '로스'는 모두 인공지능 왓슨의 두뇌를 이용한다. 왓슨은 IBM이 개발한 인공지능으로 2011년 퀴즈 쇼 〈제퍼디!〉에서 인간 챔피언들을 물리친 바 있다.

이런 기사가 2015년에 나왔다면 우리나라 사람들의 관심을 받지 못했을 수도 있다. 하지만 2016년 봄 알파고라는 해일海溢이 휩쓸고 지나간 후, 사람들은 자라 보고 놀란 가슴 솥뚜껑 보고 놀라는 지경이 되었다. 알파고와 이세돌 9단의 시합 이후 언론 매체에는 인공지능에 대한 기사나 글들이 쏟아졌다. 지피지기면 백전불태라 했던가, 사람들은 적敵에 대해 알기를 원하는 거 같다. 과연 기계가 나의 일자리를 빼앗을까? 언제쯤 그런 일이 일어날까? 이런 질문에 답하려면 과학기술에 대한 지식이 필수라는 지적도 빠지지 않는다.

하지만 인공지능 시대에 정말 중요한 질문은 기계가 아니라 인간에 대한 것이라 생각한다. 이런 예를 생각해보자. 외국 문물을 처음 받아들이기 시작한 국가는 우선 새로운 문화를 소화하기에 급급하다. 하지만 머지않아 자신의 고유한 문화에 다시 관심을 갖기 시작한다. 쏟아지는 새것의 홍수 속에서 자신을 잃지 않기 위해서이다. 마찬가지로 인공지능 이야기의 홍수 속에서 올바른 대처 방안을 찾는 것도 우선 인간을 정확히 아는 것에서 출발한다. 이 역시 우리 자신을 잃지 않기 위해서이다. 인공지능 시대에 역설적으로 인문학이 더 중요한 이유라고 할 수 있다.

"신학과 과학이 양립할 수 있을까요?" 강연 중 코페르니쿠스의 지동설, 다윈의 진화론이 인류에게 준 영향을 이야기하자 나온 질문이다. 성서에 여호수아가 "태양아. 멈추어라!"라고 말하는 장면이 나온다. 중세 기독교가 천동설을 지지한 이유이다. 지동설을 주장한 사람들이 불에 타죽은 이유이기도 하다. 진화론은 지금도 일부 기독교의 공격을 받고 있다.

과학자에 따라 다른 답이 나올 수 있겠지만, 나는 양립할 수 있다고 답했다. 하나의 현상을 설명하는 두 개의 대립되는 이론이 있을 때, 이들이 양립하기는 쉽지 않다. 하지만 하나의 현상을 두 가지 방식으로 바라본다면 두 방식은 공존할 수 있다.

거칠게 말해서 과학은 물질적이고 객관적인 증거를 바탕으로 결론을 내리는 방법론이다. 증거가 예측과 다르면 틀렸다는 것을 인정해야 한다. 틀린 것을, 또한 틀릴 수 있다는 것을 인정하는 것이야말로 과학의 진정한 힘이라 생각한다. 따라서 종교가 신의 존재를 과학으로 증명하려 한다면 큰 오류를 범할 수 있다. 증거에 따라 신이 존재하지 않을 가능성도 받아들여야 하기 때문이다. 나의 짧은 지식으로는 신의 존재가 논리적 증명의 대상이 될 수 없다고 생각한다. 신이 전능한 존재라면 과학의 방법에 묶여 있을 까닭이 없다. 신학이 과학의 방법으로 신을 증명하려고 하지 않는다면, 즉 신학과 과학이 서로 다른 사고방식임을 인정한다면, 둘은 양립할 수 있다고 생각한다.

과학의 방법은 만능 요술방망이가 아니다. 과학은 명제의 참, 거짓을 따지는 데 유용하지만 가치를 판단하는 데 종종 무용지물이다. 꽃이 왜 아름다운지를 설명하는 것은 과학의 능력 밖이다. 우선 '아름다움'부터 정의해야 하기 때문이다. 진화심리학자들은 그럴듯한 설명을 내놓을지 모르지만, 빡빡한 물리학자의 입장에서는 이것을 과학적 대상으로 보아야 하는지조차 불분명하다.

학문의 역사에서 가치를 판단하는 것은 인문학의 몫이었다. 마이클 샌델Michael Sandel의 『정의란 무엇인가』가 과학책이라면, 정의正義에 대한 이론과 그것을 뒷받침하는 객관적 증거를 제시해야 한다. 하지만 이 책의 목적은 정의가 무엇인지 말하기 힘들다는 것을 보여주는 거다. 가치를 판단하는 객관적 기준이란 없기 때문이다. 정의, 사랑, 인권, 아름다움 같은 것을 정의定義하거나 왜 중요한지를 과학적으로 입증하는 것은 거의 불가능하다. 하지만 인간은 이것들 없이 살 수 없다.

신학은 인간의 역사에서 많은 역할을 해왔다. 도덕과 윤리에 대한 기준은 옳고 그름을 떠나 대부분 신학에서 온 것이다. 수많은 철학자들이 신의 존재 증명이나 신의 의지로부터 인간을 이해하고자 했다. 이들의 가정이나 방법이 과학적인지를 떠나 이들의 결론이 우리의 삶 속에 깊숙이 스며들어 있으며, 인간에 대한 깊은 통찰을 준 것은 사실이다. 인문학은 인간이 무엇인지 탐구해왔다. 문학 속에 등장하는 가상의 인간들은 때로 실제 인간보다 인간이 무엇인지를 더 생생히 보여준다. 한 편의 시詩는 100권의 책보다 깊은 감동을 주기도 한다.

사실 신학과 인문학이 알아낸 대부분의 가치는 엄밀한 의미에서 존재하지 않는 상상의 산물이다. 그렇지 않다면 일찌 감치 과학적 연구의 대상이 되었을 것이다. 과학의 대상이 아니라고 해서 쓸모가 없을까? 우리는 이런 상상이 인간에게 얼마나 중요한지 알고 있다. 누구도 '사랑'을 수학적으로 정의할 수 없지만, 우리는 사랑 없이 살 수 없다. 존재하지 않는 이런 상상을 믿는 우리의 능력이야말로 인공지능이 모방하기 힘든 인간만의 특징일지 모른다. 우리가 신을 믿는 것도 무지의 결과가 아니라, 그런 능력의 필연적 부산물일 수 있다.

인공지능 조교 질 왓슨은 인간 조교의 업무를 완벽하게 수행했다. 인공지능 조교의 비용이 적게 든다면 대학원생 조교를 해고하는 것이 효율적이다. 당연한 귀결로 대학원생은 다른 수입원을 찾아야 할 거다. 하지만 이런 상상도 가능하다. 인공지능 도입으로 절약된 예산을 대학원생에게 무상으로 주는 거다. 그러면 대학원생은 조교 업무에 낭비할 시간을 아껴 연구에 더 집중할 수 있을 것이다.

문제는 인공지능 자체가 아니라, 거기서 얻은 이익을 어떻게 사용하느냐이다. 인공지능이 우리의 일자리를 대체할까 걱정하기보다 인공지능을 소유한 사람들이 어떻게 행동할까를 걱정해야 한다는 말이다.

인간은 완벽하게 합리적이지 않다. 더구나 인간은 존재하지도 않는 상상을 믿는다. 우리가 가치 있다고 생각하는 대부분의 것들은 실제로 존재하지 않는 상상이다. 인공지능이 존재하는 세상의 모습을 바꿀 수 있을지라도 존재하지 않는 상상을 바꿀 수는 없다.

인간이 생각하는 중요한 가치는 그 자체로 상상이기에 우리의 상상으로 지켜내야 한다. 인간의 행복이라는 비과학적 대상에 대한 인문학적 고민이 없다면 인간은 불행해질 거다. 과학뿐 아니라 인문학적 상상력이 필요한 시대이다.

---

물리가족

나: 살아 있으면서 동시에 죽어 있는 고양이.

아내: 제목으로 너무 길어. Dead or alive….

나: 'or'가 아니라 'and'야.

딸: 살았는데 죽은 고양이.

나: 그건 살아 있다가 죽은 거잖아.

딸: 산 죽은 고양이.

나: 죽은 고양이를 돈 주고 샀다고 이해할 거야.

딸: 삶과 죽음의 고양이.

나: 삶과 죽음을 동시에 가리키는 말이 필요해.

문제는 언어이다. 살아 있으면서 동시에 죽어 있다는 표현이 없는 것뿐이다. 표현이 없다고 실재가 아닌 것은 아니다.

---

김상욱의 과학공부

# 칸딘스키를 이해한다는 것

런던 테이트 모던Tate Modern 미술관을 방문한 적이 있다. 화력발전소를 개조하여 만들었다는 테이트 모던은 그 구조에서 파격적인 면모를 보여준다. 기차역을 개조한 프랑스의 오르세 미술관이 거대하다 못해 휑하다면, 테이트 모던은 허무하게 뻥 뚫린 빈 공간이 관람객을 압도할 지경이다.

4층 전시관은 몬드리안Piet Mondrian의 작품으로 시작된다. 가로세로 수직으로 교차하는 선들과 색칠된 사각형. 이런 그림이 무슨 의미를 갖는 것인지 나는 잘 모르겠다. 칸딘스키 Wassily Kandinsky의 작품은 허공에 매달려 있었다. 그나마 몬드리안보다는 복잡한(?) 구조였지만, 무슨 의미를 갖는 것인지 모르기는 마찬가지이다.

현대미술을 보며 이런 생각을 하는 것이 나뿐만은 아닐 거다. 무식하다는 소리를 들을지도 모르니 이런 게 무슨 그림이냐고 함부로 말할 수도 없다. 1910년 출품된 피카소의 작품에 대한 대중의 반응도 이런 식이었다. "관람객 대다수가 미쳤거나, 작가가 사기꾼이거나." 고도의 추상화를 추구하는 현대미술 작품들을 어떻게 이해해야 할까? 이 질문이 쉽지 않은 것은 '이해하다'는 단어를 이해하기(?)가 쉽지 않기 때문이다. 표준국어대사전에서는 '이해하다'를 '깨달아 알다'라고 풀어놓았다. 대체 어떤 조건이 맞아야 깨달아 알 수 있는걸까?

이전에 한 번도 들어보지 못한 내용에 대해 깨닫는 것은 불가능해 보인다. 모르는 단어나 용어도 여기에 해당된다. 다음 문장을 한번 읽어보자.

불안정 고정점에서 나온 불안정 매니폴드들이 얽혀 만드는 위상공간 상의 회전문 크기가 플랑크 상수보다 작은 경우, 매니폴드를 통과하는 동역학적 흐름은 제한을 받는다.

대부분의 사람들에게 이 문장은 암호문으로 보일 것이다. 참고로 이 문장은 필자의 영문 논문 중 한 구절을 번역한 것이다. 하지만 용어를 안다고 해도 여전히 깨닫는 것은 쉽지 않다. 문장을 하나 더 보자.

빛의 속도가 관측자에 상관없이 일정하다면, 움직이는 관측자의 시간은 정지한 관측자보다 느리게 간다.

증명 과정이 없어서 이해 못 하겠다고 주장하면 할 말은 없다. 문제는 증명 과정을 본다면 이해할 수 있을 것인가 하는 점이다.

이런 문장들에 비해 다음과 같은 문장은 바로 이해가 간다.

혈액형별 성격을 이야기하는 것은 전 세계에서 일본과 한국뿐이다.

혈액형별 성격이 일본과 한국에서만 유행하는 이야기라는 사실을 이전에 몰랐더라도, 그것이 받아들이지 못할 만큼 놀라운 것은 아니다. 깨닫거나 안다는 것은 새로운 지식이 내가 알고 있는 지식과 큰 모순 없이 연결고리가 생겼을 때 일어난다고 볼 수 있다. 이때 우리는 그 사실을 이해했다고 말한다.

움직이는 관측자의 시간이 느리게 간다는 것을 언어적으로 이해할 수는 있다. 하지만 이건 단지 시계가 고장이 나거나 해서 느리게 간다는 것이 아니라, 시간 그 자체가 느리게 가는 것이다. 시간이 여기저기서 다른 속도로 진행한다고? 이 결과를 우리가 아는 기존의 경험과 모순 없이 연결하는 것이 너무 어려우므로 이해가 안 되는 것도 당연하다. 어쨌든 이것은 상대성이론의 가장 중요한 결과이다.

칸딘스키의 작품을 20세기 초 일어난 물리학의 혁명과 관련시키는 사람들이 많다. 시기적으로도 비슷하거니와, 당시 현대미술에 일어났던 새로운 물결이 물리학이 겪은 혁명과 유사한 점이 많았기 때문이다. 물리학의 혁명은 상대성이론으로 시작되어 양자역학으로 종결된다. 상대성이론은 아인슈타인이라는 시대의 천재 덕분에 널리 알려져 있지만, 양자역학은 그렇지 못하다. 하지만 물리학과 더불어 우리의 문명 자체에 돌이킬 수 없는 심대한 영향을 준 것은 양자역학이었다. 칸딘스키는 회고록에서 "원자가 더 작은 구조로 나누어진다는 것은 내게 있어 세계의 붕괴와도 같았다"라고 쓰고 있다. 양자역학은 바로 이 원자의 부품들을 기술하는 학문이다.

양자역학은 어렵기로 소문이 나 있다. 아무리 읽어봐도 무슨 말인지 알 수 없기 때문이다. 아인슈타인은 양자역학의 혁명이 시작되는 데 지대한 공헌을 했지만, 끝까지 양자역학을 거부한다. 그 자신이 양자역학의 핵심 개념을 받아들일 수 없었기 때문이다. 양자역학을 만든 사람들조차 그 해석에 대해서는 의견들이 엇갈렸으며 서로 상대방이 잘못 이해했다고 주장한다. 심지어 나중에는 이해한다는 것이 무엇인지에 대해서도 논쟁을 벌이게 된다.

미국 컬럼비아대학교 에믈린 휴즈Emlyn Hughes 교수는 기이한 퍼포먼스로 화제가 되었다. 양자역학 수업시간에 학생들 앞에서 옷을 다 벗은 것이다. 학생들이 기겁을 했음은 물론이다. 퍼포먼스가 끝난 후 교수는 "양자역학을 배우기 위해서는 모든 것을 벗어버려야 한다. 학생들이 지금까지 배운 것들은 양자역학을 배우는 데 도움이 되지 않는다"라고 밝혔다. 좀 지나친 퍼포먼스지만, 양자역학을 대하는 물리학자들의 태도가 드러난 것이라고 생각된다. 허나 모든 것을 다 버리고 무언가를 이해하는 것이 가능할까? 우리가 새로운 지식을 배운다는 것은 새 지식을 기존의 지식과 연결시키는 것이다. 양자역학의 가장 큰 문제점은 이 새로운 학문이 기존 물리학의 모든 기본 가정들을 송두리째 거부한다는 것이다. 결국 기존 지식과의 단절이 필요하다는 뜻이다.

양자역학의 어려움은 결정론적 세계관을 버려야 한다는 점에서 시작된다. 지금 이 순간 물체의 위치와 속도를 알면, 그 물체가 앞으로 어떤 궤적을 따라 움직일지 뉴턴의 법칙이 알려준다. 하지만 양자역학은 미래를 아는 것이 원리적으로 불가능하다고 주장한다. 오로지 확률만을 알 수 있을 뿐이다.

또한 양자역학은 물체가 소리와 같이 사방팔방으로 퍼져나가며 동시에 여러 장소에 존재할 수 있다고도 주장한다. 이건 정말 말도 안 되는 소리 같다. 눈으로 보면 물체가 분명 여기 있는데, 어떻게 여기저기 있다는 말인가? 답은 이렇다. 물체가 여기 있는 것은 당신이 보았기 때문이다. 당신이 보기 전까지 물체는 사방에 동시에 존재한다.

'무궁화 꽃이 피었습니다'라는 놀이가 있다. 술래가 앞을 보고 "무궁화 꽃이 피었습니다"라고 말하는 동안 다른 사람들은 술래에게 다가간다. 술래가 말을 끝내고 뒤를 돌아보는 순간, 움직이지 말아야 한다. 술래가 보지 않는 동안 사람들은 분명 어떤 경로를 거쳐 그 자리에 왔을 것이다. 하지만 양자역학에 의하면 중간경로 따위는 없다. 술래가 보지 않는 동안 사람들은 모든 장소에 존재한다. 돌아보는 순간 그곳에 있게 된다는 것이다. 아니, 좀 더 정확히 말하자면 당신이 보기 전에 대상 그 자체가 존재했는지조차 말할 수 없다. 이런 말이 이상하게 들리지 않으면 정상이 아니다. 우리 물리학자들도 이런 말도 안 되는 소리를 지껄이면 바보 취급 받는다는 것쯤은 잘 안다. 하지만 우주가 실제 그런 걸 어쩌란 말인가?

자, 다시 앞의 질문으로 돌아가자. 측정하기 전에 물체가 사방에 있다는 것을 어떻게 이해해야 할까? 물론 이해하지 못해도 수학적으로 확률을 계산하는 것은 가능하다. 그것으로 충분하다면 더 이상 고민할 이유는 없다. 하지만 그 확률의 의미를 따져보면 물체가 여기저기 존재할 뿐 아니라, 때로는 유령처럼 벽을 스르르 통과하기도 한다는 것이 양자역학이 말하는 바이다. 양자물리 전문가인 필자도 물체가 여기저기 동시에 존재하는 것을 어떻게 이해해야 할지 모르겠다. 이해한다는 것이 내가 가진 경험적 지식과 새로운 지식이 모순 없이 관계를 맺는 것이라면 나는 양자역학을 이해 못 한 것이 틀림없다. 하지만 애초에 그런 관계를 맺는 것이 불가능하다면 이해하려고 노력할 이유는 없다.

이제 다시 칸딘스키로 돌아가자. 미술이라는 것이 무엇일까? 거칠게 이야기해서 미술은 우리의 경험에서 얻은 이미지를 시각적으로 표현하는 것이라 말할 수 있다. 좁게 생각하면 여기서의 경험이란 보는 것이다. 하지만 우리가 근본적으로 절대 볼 수 없는 것을 그린다면, 다른 사람이 그 그림을 보았을 때 이해할 수 있을까? 만약 칸딘스키가 여기저기 동시에 존재하는 원자를 그려야 했다면 과연 무엇을 그렸을까? 원자 수십 개를 여기저기 그리는 것은 잘못된 것이다. 일단 원자를 보면 원자는 한 장소에 있게 되기 때문이다.

현대미술은 이해받기를 포기한 것으로 보인다. 미술은 보이는 대로 그리는 것도, 무언가 의미를 전달하기 위해 그리는 것도 아니다. 이 세상에는 우리의 경험으로 도저히 이해할 수 없는 것이 있다. 이런 것도 미술의 대상이 될 수 있다. 이해될 필요가 없다면 이제 화가는 자신만의 눈으로 그림을 그려야 한다. 자신이 생각하는 가장 중요한 것을 그리면 된다. 양자 역학으로 기술되는 우주도 이미 인간에게 이해 받기를 거부한 것으로 보이기는 마찬가지이다.

달라이 라마가 미국 방문 중에 텍사스대학교 물리학과의 원자포획 실험실을 방문한 적이 있다. 원자포획 장비는 원자들이 빛으로 포획되어 공간에 떠 있도록 만든 것이다. 연구원의 소개를 듣더니 달라이 라마가 그 진공장치를 들여다보기 시작했다. 시간이 길어지자 사람들은 그가 무슨 말을 할지 기대하기 시작했는데, 결국 달라이 라마가 고개를 들고 한마디

김상욱의 과학공부

를 내뱉었다.

"This is completely dark(이거 완전 어둡구먼)."

원자가 빛을 내지만, 가시광선이 아닌 경우 눈에는 거의 안 보인다. 사람들은 폭소를 터뜨렸지만, 이내 뭔가 심오한 의미가 있다는 것을 깨달았다고 한다. 내 생각에 달라이 라마는 그냥 본 대로 말했을 것이다. 그의 말에서 의미를 찾은 것은 다른 사람들이다.

우주에도 의미는 없다. 당신이 멋진 석양 속에서 프러포즈를 하고 있을 때, 붉은색 빛이 공기 입자와 산란을 덜 하고 있을 뿐이다. 의미는 처음부터 주어진 것이 아니라 나중에 부여하는 것이다. 이해를 초월한 현대미술에서는 의미를 찾는 것조차 당신의 몫이다. 양자역학으로 기술되는 우리의 우주가 그렇듯이.

# 카오스의 아름다움

중고등학생들 사이에 '재물포'라는 은어가 있다. '재 때문에 물리 포기했어'의 줄임말이란다. 여기서 '재'는 보통 물리 선생님을 가리키니까 그냥 웃어넘길 유머는 아니다. '재수포'나 '재영포'라는 말은 없는데, 왜 물리는 선생님 때문에 포기한다고 하는 걸까? 필자의 고등학교 시절을 돌이켜봐도 '재물포'까지는 아니었지만, 재미없었던 물리 수업시간이 생생히 기억난다. 물리를 위해 태어났다고 믿는 나 같은 사람조차 수업이 별로였으니, 다른 애들은 오죽했을까 싶다. 사실 내가 물리를 좋아하게 된 것은 물리 수업 때문이 아니라 순전히 대중과학서적 때문이었다.

1980년대는 대중과학서적조차 흔치 않았다. 헌책방 한구석에 서서 보던 총천연색 잡지 《뉴턴》과 광화문 교보문고 과학서적 코너의 『블루 백스 시리즈』라는 일본 과학문고의 번역본 정도가 구할 수 있는 책들이었다. 이런 책들을 보면 초전도체, 블랙홀, 초끈이론, 맥스웰의 도깨비, 4차원의 세계와 같이 정말 흥분되는 내용이 가득했다. 분명 이런 것들이 내가 상상하는 물리학인데, 학교에서 배우는 것은 왜 이 모양이지? 연직상방운동하는 물체의 최고점을 구하라. 연직상방! 말도 왜 이렇게 어려운 건지. 그냥 위로 똑바로 던져올린 물체라고 하면 안 되었을까? 물리교과서에 나오는 모든 상황들은 재미없는 것은 물론이거니와 실제 세상과도 별로 관련이 없어 보였다.

용수철에 매달린 추의 운동이 사인함수로 기술된다는 것에 흥미를 느끼는 학생들은 거의 없었다. 고등학교씩이나 다니는 학생들이 용수철을 갖고 놀지도 않거니와, 그렇지 않아도 수학에서 사인함수를 배우며 이를 갈았는데, 여기서 또 보게 되다니! 1학년 때 호랑이 담임선생님을 3학년에 다시 만난 기분이랄까. 전자기 단원에 나오는 저항의 직렬·병렬연결은 또 얼마나 지겨운가. 우리 주변에 있는 전자기기는 스마트폰, 컴퓨터, TV인데, 교과서에는 축전기, 저항, 코일만 나온다.

하지만 고등학교를 졸업하는 순간까지 전류, 전위가 뭔지조차 제대로 이해 못 하는 학생이 대부분이다.

대부분의 사람들은 고등학교만 졸업하면 저 지긋지긋한 물리를 더 볼 필요가 없지만, 물리학과에 진학하는 학생들은 그렇지 않다. 이들은 이제 대학에 가면 좀 다른 것을 배우겠거니 하고 기대한다. 물론 수학적으로 좀 더 어려워지고 모든 과정이 엄밀해지지만, 기본적으로 다루는 문제는 유사하다. 본격적인 전공에 들어가는 대학 2학년, 처음 맞닥뜨리는 전공필수과목 '역학'은 다시 용수철에 매달린 추로 시작한다. 이제는 마찰도 있고, 외부에서 흔들어주기도 하지만, 역시나 훨씬 복잡한 형태의 사인함수를 다시 얻을 뿐이다. 전자기는 이제 저항의 직렬·병렬 문제에서 벗어나는 듯 보이지만, 평면, 원, 구, 원통으로 생긴 물체에서 전기장, 자기장 구하다가 한 학기를 보낸다. 덕분에 사인함수 말고도 베셀함수, 르장드르함수라는 혹만 더 붙이게 된다. 여전히 교과서 속의 문제들은 우리가 사는 실제 세상과 달라 보인다.

왜 학교 물리에서 다루는 주제들은 재미없고 비슷한 내용이 반복될까? 핵심은 이렇다. 교과서 속의 문제는 언제나 답이 있다. 예를 들어, 힘이 늘어난 길이에 비례하는 용수철 문제를 풀면 답은 사인함수이다. 이걸로 끝이다. 만약 여기에 늘어난 길이의 제곱이나 세제곱에 비례하는 항項이 추가되면 어떻게 될까? 그렇다면 추가된 항의 효과는 아주 작다고 가정한 다음 원래의 답에서 얼마나 벗어나는지 근사적으로 계산하여 조금 보완한다. 이런 식으로 문제를 푸는 방법을 섭동 perturbation이라 한다. 섭동 계산은 보통 복잡하기 때문에 짜증이 많이 난다. 그래 봐야 답은 여전히 사인함수이다. 결국 교과서 속의 세상은 완벽한 답이 있고 거기서 벗어나는 것은 근사적으로 다루거나 무시하라고 배운다.

교과서에 나오는 문제들의 공통점은 선형線型적이라는 거다. 좀 어려운 용어지만, 원인의 크기를 2배로 했을 때 결과의 크기도 2배가 되는 경우라고 이해하면 될 듯하다. 사과 한 개에 100원이면, 두 개에 200원. 뭐 이런 상황이다. 힘이 늘어난 길이에 비례하는 용수철이 그 대표적 예이다. 앞서 말한 대로 용수철의 힘이 길이의 제곱, 세제곱에 비례한다고 하면, 이제 비선형非線型문제가 된다. 길이가 2배가 되었을 때, 힘이 4배, 8배로 커지기 때문이다. 교과서에 따르면 비선형 문제는 무시하거나 섭동으로 풀어야 한다. 하지만 그냥 풀면 어떻게 될까?

물론 그냥은 안 풀리니까 섭동이론을 쓰는 거다. 비선형 문제는 컴퓨터가 나온 이후에야 비로소 다룰 수 있게 되었다. 컴퓨터가 똑똑해서 인간이 풀지 못하는 것을 푸는 것은 아니다. 컴퓨터가 주는 답은 사인, 코사인 같은 단순한 함수 형태가 아니라 숫자들의 목록일 뿐이다. 결국 함수라는 것도 숫자로 나타낼 수 있으니 풀기는 푼 거다.

1961년 일본의 우에다上田晥亮가 비선형방정식에서 상상도 못 했던 복잡한 결과가 나온다고 했을 때, 학계의 철저한 외면을 받은 것도 무리는 아니다. 이런 문제는 원래 푸는 게 아니었던 거다. 비슷한 시기 기상학자 로렌츠도 그의 비선형방정식에서 이상한 결과를 얻게 된다. 초기조건을 조금 바꿨는데 결과에 엄청난 변화가 생긴 것이다. 교과서에서 초기조건의 작은 변화는 무시하라고 하지 않았나?

로렌츠와 초기조건이라고 하면 과학에 흥미가 있는 사람들에게 떠오르는 것이 있다. 바로 나비효과이다. 북경에서 나비가 날개를 한 번 펄럭이면 뉴욕에 폭풍이 칠 수도 있다는 다소 황당한 이야기이다. 이것만큼 카오스이론을 극적으로 설명하는 방법도 없다. 결국 비선형방정식에서 일어나는 일은 카오스였던 것이다. 교과서에서 배우는 단순한 상황에서 조금만 벗어나면 이처럼 다루기 힘든 경우가 대부분이다. 그래서 교과서에서는 학생들을 긍휼히 여겨 풀리는 문제만 다룬 것이다. (따라서 '재물포'라며 너무 불평하면 안 된다.) 실제 세상에서 선형으로 기술되는 것이 별로 없다는 것을 생각하면, '비선형물리'라는 말은 웃기는 표현이다. 마치 동물학을 '비非코끼리학'이라고 부르는 셈이기 때문이다.

카오스를 수학적으로 들여다보면 프랙털fractal이라는 구조가 나타난다. 프랙털은 확대해도 그 자신의 모습이 반복되는 도형을 말한다. 눈송이, 허파, 나뭇가지 등이 자연에 존재하는 프랙털의 전형적인 예이다. 카오스에서 프랙털이 나오는 과정을 이해하려면 위상공간이라는 수학적 도구가 필요하다. 위상공간은 운동을 도형으로 표시하도록 해준다. 예를 들어 주기적으로 움직이는 용수철의 운동은 위상공간에서 원으로 나타난다. 사실 선형적으로 기술되는 모든 계는 위상공간에서 원이나 직선으로 표현된다. 원이나 직선은 유클리드 기하학에 나오는 매끄러운 도형이다. 용수철 운동의 사인함수처럼 우리가 중고등학교 수학시간에 배우는 도형들이기도 하다. 하지만 카오스를 기술하는 도형은 아무리 확대해도 끝없이 뾰족뾰족한 프랙털이다. 자연에서 비선형 현상이 일반적인 거라면, 프랙털 역시 자연을 표현하는 더 근본적인 도형이 아닐까?

손을 들어서 손가락을 펼치고 찬찬히 바라보자. 다섯 개의 손가락이 보일 것이다. 손가락들의 윤곽은 둥그런 손가락 끝부분과 손가락 옆의 직선으로 구성된다. 즉, 매끈한 직선과 부드러운 곡선으로 되어 있는 것이다. 피부에는 지문 같은 것이 보이기는 하지만, 대체적으로 매끈하다. (필자는 피부가 좋은 편이다.) 하지만 이것이 정말 사실일까? 사람의 눈으로 알기는 힘들지만, 돋보기를 가지고 손을 보면 피부에 얼마나 많은 굴곡이 있는지를 보고 깜짝 놀라게 된다. 현미경으로 손바닥을 보면 이제 매끈한 피부는커녕, 외계의 행성을 보는 느낌을 받을 것이다. 여기저기 괴생물체도 보인다. 당신 몸에 사는 미생물이다.

매끄러운 직선과 곡선만으로 그림을 그리는 것은 선형적인 철학으로 세상을 이해하려는 교과서 물리학과 비슷한 면이 있다. 하지만 실제 세상은 매끈하지 않다. 산은 멀리서 보면 간단한 곡선이나 직선들로 구성된 듯 보이지만, 가까이 다가갈수록 상상도 할 수 없이 복잡하다는 것을 깨닫게 된다. 대체 돌멩이는 왜 이렇게 많은지. 돌멩이는 양반이다. 자세히 보면 흙은 얼마나 복잡한가? 매끈한 직선으로 그린 산의 그림은 사실 실제의 산이 아니라 어딘가 상상으로만 존재하는 이상적인 산이었던 것이다. 플라톤이 말한 이데아의 세상이랄까.

물론 우리는 인간이니까, 인간의 스케일에서 산의 모습을 그렸다고 하면 된다. 이런 실용적인 관점에 굳이 반대할 생각은 없다. 물리에서도 비선형성을 무시할 수 있는 상황에서는 이렇게 이상화된 답을 이야기해도 큰 무리는 없다. 하지만 물리학자가 세상을 제대로 이해하려 한다면, 또한 예술가가 사물의 진짜 모습을 표현하고자 한다면, 카오스와 프랙털이라는 자연의 속성을 피할 수 없다.

네덜란드의 화가 에스허르Maurits Cornelis Escher가 그린 〈천사와 악마Circle Limit Ⅳ〉라는 그림에서는 천사와 악마가 교묘하게 섞여 있는 것을 볼 수 있다. 천사 옆에는 언제나 악마가 있어서 우리가 사는 세상을 잘 나타내는 듯 보인다. 그런데 더욱 재미있는 것은 그림 속 세상이 프랙털로 되어 있다는 것이다. 세상의 끝으로 갈수록 천사와 악마의 수는 끝도 없이 늘어난다. 이 그림은 화가의 특별한 의도를 전달하는 데 프랙털이라는 개념을 이용한 셈이다. 그림 자체를 매끄러운 선이 아니라 아예 프랙털로 그리는 방법도 널리 이용된다. 실제로 사람들은 프랙털로 그려진 그림을 볼 때 좀 더 실제에 가깝다고 느낀다. 이제 이런 기법은 컴퓨터 그래픽에서 기본이 되었다.

자, 그렇다면 우주라는 예술가는 왜 세상을 매끈한 직선이나 곡선이 아니라 프랙털이라는 뾰쪽한 도형으로 그렸을까? 왜 우주는 몇 가지 간단한 예를 제외하면 카오스와 같이 복잡한 운동을 하는 걸까? 프랙털을 사용하는 이유는 간단하다. 그것이 효율적이기 때문이다. 복잡한 나뭇가지를 만들기 위해, 이 가지는 오른쪽으로 저 가지는 반지름을 줄이고 왼쪽으로…. 나뭇가지의 모양에 대한 이런 모든 정보를 DNA에 담아야 했다면 DNA의 길이는 지금보다 수십 배는 길었을 거다. 프랙털 구조는 자기 반복이라는 특성 때문에, 명령어 한두 줄로 모든 정보를 담기에 충분하다.

카오스는 복잡해서 얼핏 보면 불안정해 보인다. 하지만 카오스계는 선형계보다 외부의 간섭에 대해 훨씬 안정적이다. 규칙적으로 살아가는 사람이 아침에 1시간 지각을 하면 하루 종일 엉망이 되겠지만, 대충 살아가는 사람은 2시간 지각을 해도 큰 문제가 없는 것과 비슷하다고 할까. 자연은 카오스와 프랙털을 통해 안정과 효율이라는 두 마리의 토끼를 잡은 것이다. 자연의 실제 모습은 우리가 생각한 단순한 운동이나 이데아의 도형과 사뭇 다르지만, 그래서 인간이 만든 것보다 더 아름답다.

# 『레 미제라블』의 엔트로피

"고객님 당황하셨어요?" 〈개그콘서트〉에서 인기를 끌었던 한 코너의 유행어이다. 보이스피싱을 시도하던 사기꾼이 당황하여 내뱉는 말이다. 정작 고객은 당황하지 않았는데 말이다. 도둑이 경찰을 보고 "도둑이야!"라고 외치는 거나 다름없는 황당한 상황이 시청자들의 웃음을 자아낸다. 이런 것이 개그의 소재가 되는 걸 보면, 보이스피싱이 이제 우리 사회의 흔한 모습이 된 모양이다. 보이스피싱 사기꾼들이 원하는 것은 단지 당신의 정보이다. 정보라고 했지만 기껏해야 비밀번호 몇 개를 말하는 거다. 주민등록번호는 하도 많이 노출이 되어 물어보지도 않는다. 아무튼 이런 범죄가 가능한 것은 당신이 숫자 몇 개로 표현될 수 있기 때문이다.

한번 생각해보라. 내 통장의 돈을 빼내는 데 필요한 것은 내 얼굴도 아니고 목소리도 아니다. 하다못해 내 친구나 가족도 필요 없다. 인터넷 뱅킹이 요구하는 것은 몇 가지 문자와 숫자뿐이다. 숫자가 사람을 대신한다는 것이 썩 내키는 일은 아니다. 『레 미제라블』에서 장 발장은 죄수 번호 '24601'로 불린다. 형사 자베르가 이 번호를 잊지 않고 집요하게 쫓아다니는 것을 보면 숫자 정보에 정나미가 떨어질 수도 있다. 과속 카메라에 찍혀 벌금을 물어본 사람이라면 느낌이 확 올 거다. 당신의 차가 단지 몇 개의 숫자로 완벽하게 추적당할 수 있으니 말이다.

정보라는 것은 과연 무엇일까? 태풍이 내일 오후 2시 부산에 상륙한다는 것은 중요한 정보임에 틀림없다. 내일 부산 해운대에 놀러갈 예정이라면 더더욱 그렇다. 우리 집 아파트 출입문 비밀번호가 XXXX라는 것은 정말 중요한 정보이다. 이걸 잊어버리면 집에 들어갈 수 없으니 말이다. 2002년 월드컵 때 울려 퍼졌던 〈오! 필승 코리아!〉는 듣기만 해도 몸에 전율이 일어난다. 〈오! 필승 코리아!〉에 들어 있는 정보가 무엇이기에 듣기만 해도 감정에 동요가 생기는 것일까?

일상생활에서 말하는 정보와 과학자들이 생각하는 정보에는 차이가 있다. 무엇인가 과학적 대상이 된다는 것은 그것이 실험적으로 검증될 수 있다는 뜻이다. 과학적 실험에서 정성적인 증거를 요구하는 경우도 있으나, 대부분은 정량적인 결과를 들이밀어야 상대가 승복한다. 정보에 대해 과학적으로 이야기하려면 우선 정보를 정량적으로 표현할 척도가 필요하다는 말이다. 동역학을 이야기하기에 앞서 거리와 시간의 척도가, 열역학을 이야기하려면 먼저 온도가 필요한 이유이다.

요즘같이 입시제도가 복잡할 때에는 정보가 많은 사람이 유리하다고들 한다. 강남 사는 학부모의 정보가 많다고 하는 것은 올바른 표현일까? 정보가 많다는 것은 대체 무슨 뜻일까? 첨단 과학의 21세기를 사는 우리지만, 많은 이들이 여전히 점을 보러 간다. 재미로 보는 경우도 있지만, 어떤 사람들은 점쟁이의 말을 듣고 중요한 결정을 하기도 한다. 만약 점쟁이가 "당신은 150세 이전에 죽을 거요"라고 점을 쳐준다면 복채는커녕 멱살을 잡힐지도 모른다. 너무나 당연한 말이기 때문이다. 이 경우 우리는 이 말 속에 들어 있는 정보의 양이 적다고 생각한다. 하지만 점쟁이가 "당신은 내일 죽을 거요"라고 말한다면 이 말 속에는 엄청난 양의 정보가 들어 있다. 물론 엉터리 점쟁이라면 아무 정보가 없기는 마찬가지이다.

우리가 진위 여부를 떠나 첫 번째의 예언은 정보가 없고, 두 번째 것은 정보가 많다고 생각한 이유는 뭘까? 150세 이전에 죽는 것은 너무 당연한 것이고, 내일 죽는 것은 당연하지 않은 것이기 때문이다. 우리는 당연하다는 것을 어떻게 판단하는가? 클로버 잎이 3개인 것은 당연한 것이고, 4개면 행운이지만, 5개면 당연하지 않다. 이것은 단지 그 일이 일어날 확률이 결정하는 거다. 즉, 확률이 작을수록 당연하지 않은 사건이고 그럴수록 정보의 양이 많다. 정보량과 확률은 반비례한다는 말이다. 자세한 이야기는 생략하겠지만, 이런 식으로 정의된 정보의 척도를 '엔트로피'라고 부른다. 엔트로피는 일어날 수 있는 모든 경우의 수와 관련된다. 따라서 복잡성의 척도이기도 하다. 경우의 수가 많다는 것은 복잡하다는 얘기이다. 사귀는 사람이 한 명인 사람보다 여럿을 사귀는 사람이 복잡할 것은 자명하다. 바람둥이의 엔트로피가 크다는 말이다.

만약 야바위꾼이 동전에 이상한 조작을 가하여 앞면만 나오게 했다고 하자. 그러면 엔트로피는 최솟값이 된다. 던져봐야 앞면만 나오므로 "앞면이 나온다"라는 문장 자체가 가진 정보가 하나도 없다는 뜻이다. 쉽게 설명한다고 했지만, 사실 엔트로피가 쉬운 개념은 아니다. 정보량을 이와 같이 정의한 사람은 섀넌Claude Elwood Shannon인데, 그가 엔트로피라는 용어를 채택한 이유는 약간 황당하다. 엔트로피는 원래 열역학이라는 학문에서 나오는 특별한 물리량의 이름이었다. 그런데 엔트로피가 무엇인지 제대로 아는 사람이 거의 없으니까 그 용어를 가져다 쓰라고 물리학자 폰 노이만John von Neumann이 섀넌에게 제안했다고 한다.

정리하자면, 정보의 양을 재는 척도는 엔트로피이고, 엔트로피는 가능한 경우의 수, 혹은 확률의 역수와 관계된다는 것이다. 이 때문에 엔트로피를 복잡성의 척도로 간주하기도 한다. 하지만 이런 해석에는 주의가 요구된다. 복잡하다는 말 자체도 미묘하기 때문이다. 아래 두 숫자를 보고 어느 것이 더 복잡한지 생각해보자.

(가) 0000000000000000000000000000000000000000000

(나) 8979323846264338327950288419716939937510

한눈에 (나)가 더 복잡하다고 생각할 거다. 하지만 곰곰이 생각해보면 (가)와 (나)는 똑같이 하나의 숫자에 불과하다. 각 자리수마다 0부터 9까지 10개의 아라비아 숫자 가운데 하나씩 특별히 선택하여 만들어진 거다. 즉, 여러분이 각

자릿수마다 무작위로 숫자를 넣는다면 (가)와 (나)를 얻을 확률이 똑같다는 말이다. 복잡하다는 것을 정의하기란 생각보다 복잡하다. 이 때문에 수학자 콜모고로프Andrei Kolmogorov는 '알고리즘 복잡도'라는 양을 제안한다. 그 문자열을 만드는 데 필요한 명령어의 길이로 복잡성을 측정하겠다는 말이다. (가)의 경우, 명령어는 단 한 줄이 필요하다.

'0'을 40번 쓰라.

하지만 (나)의 경우는 같은 방식으로 한다면 40줄의 명령어가 필요하다. 그렇다면 명령어의 길이가 긴 (나)가 더 복잡하다. 이제 문제가 해결되었을까? 하지만 반전이 기다리고 있다. (나)는 다음과 같이 만들어낼 수도 있기 때문이다.

원주율 π의 소수점 이하 11번째에서 50번째까지의 숫자를 쓰라.

사실 (나)는 무작위적인 숫자의 나열이 아니었던 거다. 복잡함을 정의하는 것은 여전히 어려운 문제이다. 어쨌든 엔트로피가 말하는 복잡함이란 단지 경우의 수에 대한 것이다. 내 방에 있는 모든 물건들이 제자리에 놓일 경우의 수는 한 가지이지만, 어지럽히는 방법은 무수히 많다. 화가 난 딸아이를 들여보내도 되고, 호기심 많은 새끼 고양이 한 마리를 넣어도 된다. 친구 10명을 불러 파티를 한바탕해도 된다. 방이 어질러질 수 있는 모든 경우의 수가 엔트로피이다. 열역학 제2법칙은 우주의 엔트로피가 자발적으로 증가한다고 말해준다. 가만 놔두면 방이 어지럽혀지는 이유이다.

엔트로피와 예술이 관련 있다고 하면 깜짝 놀랄 사람도 있을 것이다. 예술의 목적이 무엇이냐고 물으면 무식하다는 소리를 들을 게 뻔하다. 예술은 그 자체로 목적이라며 되받아칠지도 모른다. 니체는 예술의 목적이 삶이라는 알쏭달쏭한 말을 했지만, 적어도 예술이 아름다움을 추구한다는 것에는 많은 이들이 동의하리라. 미학美學이라는 학문이 주로 예술을 대상으로 하는 것을 보아도 알 수 있다. 그렇다면 예술가들이 추구하는 아름다움이란 무엇일까? 미학자들이 평생 걸려 연구하는 주제에 대해 여기서 몇 줄로 어설픈 답을 들이댈 생각은 없다. 하지만 아름다움을 정보의 관점에서 정의해볼 수는 있다.

수학자 버코프George David Birkhoff는 아름다움의 척도를 나타내는 $M = O/C$라는 공식을 제안했다. $M$은 아름다움의 척도이고, $O$는 심미적 질서도, $C$는 복잡도를 나타낸다. 버코프는

$M$이 클수록 아름답다고 했지만, 진중권 교수는 『미학 오디세이』에서 $M$이 1에 가까울 때 아름답다고 이야기한다. 필자도 여기에 동의한다. 즉, 질서와 무질서, 단순성과 복잡성이 최적의 조화를 이룰 때 아름답다는 말이다. 왜 그런지 예를 들어보자.

『레 미제라블』의 스토리는 단순하다. 장 발장이 신부의 용서에 감화되어 새사람이 되고, 고생 끝에 수양딸을 얻고, 결국 행복한 종말을 맺는다. 이렇게 이야기했을 때 감동을 받을 사람은 아무도 없을 거다. 『레 미제라블』이 감동을 주기 위해서는 판틴의 애절한 사연, 코제트를 괴롭히는 악덕 업주, 코제트, 에포닌, 마리우스의 삼각관계, 혁명을 바라는 청년들과 이를 진압하려는 군대의 갈등 같은 복잡함이 필요하다. 그렇다고 200페이지 정도를 할애하여 혁명을 일으키는 청년 20명의 가정사를 일일이 다룬다면 독자들이 책을 집어던질지도 모른다. 문학작품이 갖는 예술적 아름다움은 단순성과 복잡함의 조화에서 오는 거다.

『미학 오디세이』를 보면 이런 관계를 아예 도표로 만들어 보여준다. 의미 정보의 복잡성과 미적 정보의 복잡성이 조화를 이룰 때 아름다움에 도달할 수 있다는 거다. 물론 예술가는 실험정신을 발휘하여 그 극단을 탐험할 수도 있다. 몬드리안의 그림 〈빨강, 노랑, 파랑의 구성Composition with Red, Yellow and Blue〉은 사각형에 색칠을 한 것에 불과한데, 이것은 복잡성을 최소화한 것이다. 반면 잭슨 폴록Jackson Pollock의 〈검정과 하양 Black and White(Number 6)〉 같은 작품은 복잡성의 극단을 보여준다. 예술이 복잡성과 관계된다는 것을 노골적으로 보여주는 작품들이라고 하겠다.

아름다움을 정보로 해석하는 데 거부감을 느낄 사람이 있을지도 모르겠다. 하지만 어찌 보면 아름다움뿐 아니라 이 세상 자체가 정보에 불과한지도 모른다. 우리가 사는 세상이 혹시 영화 〈매트릭스〉와 같을지 누가 알겠는가? 다음은 철학자 비트겐슈타인Ludwig Wittgenstein이 쓴 『논리-철학 논고』에 나오는 명제 1.1이다.

세계는 사실들의 총체이지, 사물들의 총체가 아니다.

## 춤, 운동, 상대론, 양자역학

춤은 운동이다. 무대라는 공간에서 무용수라는 물체가 관객 앞에서 펼치는 몸의 운동이다.

물리는 운동이다. 당신이 지금 이 글을 읽는 것은 운동이다. 읽는다는 것은 글자들을 본다는 것이고, 본다는 것은 빛이 종이에 맞아 튕겨서 당신의 눈에 들어간 것에 불과하다. 빛은 전자기장의 운동이다. 공간의 한 지점에서 전자기장이 시간에 따라 변하는 것이다. 빛이 눈으로 들어가 망막에 닿으면 시세포 로돕신 분자의 형태가 바뀐다. 그러면 나트륨이나 칼륨 같은 입자가 운동하며 전기신호가 발생한다. 인간의 의식은 이런 전기신호의 집합체에 불과하다. 이처럼 모든 것은 운동으로 이해할 수 있다. 결국 물리는 세상을 운동으로 이해하려는 시도라고 할 수 있다.

물리에서 운동이란 시간에 따라 물체의 위치가 공간 내에서 바뀌는 것을 의미한다. 춤은 인간이 하는 것이고, 인간이라는 물체는 물리법칙에 따라 움직인다. 춤을 그냥 역학적으로만 본다면 돌멩이가 날아가는 운동과 본질적으로 다를 바없다.

운동을 하기 위해서는 공간이 필요하다. 춤은 제한된 공간, 즉 벽과 벽 사이에서 일어난다. 운동을 하기 위해서는 시간도 필요하다. 춤은 제한된 시간, 즉 시간과 시간 사이에 일어난다. 춤은 한 순간에서 다른 순간으로의 공간 이동, 한 순간에서 다음 순간으로의 자세 변화이다. 순간순간의 '현재'들 속에 정지한 무용수의 움직임들이 모여 춤이라는 하나의 이야기가 만들어진다.

'현재'란 무엇일까? 사실 물리학에서 '현재'라는 한 순간을 정의하기는 쉽지 않다. '현재'가 존재하는지도 확실치 않다. 분명 미래는 지금 존재하지 않는다. 존재할 거라 추론되는 상상의 영역이다. 과거에서 출발하여 현재를 관통하는 선을 그어 연장해본 가상의 세상이다. 과거는 지금 존재하지 않는다.

돌아가신 할아버지는 분명 지금 여기 안 계신다. 과거가 존재한다는 증거는 오로지 우리의 기억밖에 없다. '현재'의 존재를 직접적으로 증명할 수는 없다. 현재는 그것을 붙잡으려 하면 끊임없이 미래로 이동해가기 때문이다. 당신은 절대로 현재를 붙잡을 수 없다. 결국 현재는 과거에서 미래로 가는 극한, 미래에서 과거로 가는 극한에서 무한히 가까워지지만 결코 닿지 않는 얇은 막 같은 것으로 정의할 수 있을 뿐이다. 결국 춤을 구성하는 '현재'라는 것이 무엇인지 명확하지 않다.

춤은 운동이라고 했지만, 돌멩이의 운동과 다른 점이 있다. 춤은 의미를 내포하고 있다. 운동의 의미라는 것을 물리학에서 어떻게 이해할 수 있을까? 현대물리학에서 시공간은 고정불변의 철제 골격과는 다르다. 아인슈타인의 상대성이론은 물체와 시공간이 분리될 수 없다고 말해준다. 움직이는 물체는 변형된 시공간을 본다. 돌멩이의 질량은 주변의 시간과 공간을 뒤튼다. 이와 마찬가지로 무용수는 그 몸짓의 의미를 통해 주변의 시공간을 변형시킨다. 춤은 그 의미를 통해 무대를 피가 튀는 전장으로 만들 수도 있고, 소가 풀을 뜯는 초원으로 만들 수도 있다.

양자역학에 이르면 시공간은 더 이상 본래의 의미를 갖지 못한다. 하나의 물체가 동시에 여러 장소에 있을 수도 있고, 멀리 떨어진 두 장소가 서로 연결되어 있을 수도 있다. 관찰자는 원래 있던 물체의 위치나 모습을 보는 것이 아니라, 그가 보는 순간 결정된 위치와 모습만을 볼 수 있다. 그것은 관찰하기 직전의 위치나 모습과 아무 관련이 없다. 관찰자의 관측이라는 행위가 대상의 물리적 성질에 영향을 주게 된다는 말이다. 이제 벽과 벽 사이의 공간은 더 이상 공간의 제약이 될 수 없다. 관객이 관람하는 행위도 무용수의 움직임에 영향을 주게 된다. 지금 당신이 본 춤이 당신이 보지 않았을 때의 춤과 같은지 알 수 없다. 춤이 시공간에 안전히 머물 수 없다면, 또 무용수가 관객이 보는 행위에 의해서 영향을 받는다면 춤이 갖는 의미는 어떻게 해석되어야 할까? 양자역학은 무용수에게 관객을 의식하지 말고 춤추라고 말하는 걸까?

상대성이론은 시공간의 무대가 무용수에 의해 변형될 수 있음을 보여준다. 양자역학은 관객이 무용수의 운동에 영향을 줄 수 있다고 이야기한다. 상대성이론과 양자역학을 모두 고려하면 무대, 무용수, 관객이 모두 뗄 수 없이 하나로 묶인 유기체와 같다는 결론에 도달하게 된다. 이 복합체의 모습이 정확히 무엇인지는 아직 물리학자도 알지 못한다. 아직 상대론과 양자역학을 통합하는 이론이 없기 때문이다.

춤이라면 과학이 알지 못하는 이런 미지의 영역을 상상해 볼 수 있지 않을까? 춤은 운동이니까.

양자물리학자의 지옥

포세이돈: 어이, 하데스! 아인슈타인이 자네 밑에서 일한다
던데.
하데스: 천국의 삶을 버리고, 지옥 업무를 자원했지.
포세이돈: 지옥? 거기서 뭘 하는 거지?
하데스: 양자물리학자들에게 매일 10시간씩 전자의 궤도를
그리라고 시킨다네.

양자역학에서는 입자의 궤도를 기술할 수 없다고 주장한다.
아인슈타인은 이런 양자역학을 죽을 때까지 받아들이지 않
았다. 물론 물리학계에서는 왕따 당했다.

# 빛의 희로애락

세계의 많은 신화에 따르면 세상은 빛과 함께 시작되었다. 인간은 자궁 속 어둠을 헤치고 빛으로 충만한 세상에 머리를 내밀며 생을 시작한다. 생을 마칠 때면 눈을 감고 어둠으로 돌아간다. 하루는 태양과 함께 시작되어, 태양과 함께 끝난다. 빛은 탄생이자 죽음이며, 기쁨이자 슬픔이다. 빛의 존재와 부재가 갖는 이런 대립적 속성을 인간의 다양한 감정에 대비對比한 희로애락喜怒哀樂에 비유할 수 있을지 모르겠다.

기원전 6세기 페르시아에서 나타난 조로아스터교는 빛과 어둠을 기반으로 한 종교였다. 사람들은 빛의 지배자인 '아후라 마즈다'나 파괴를 상징하는 '앙그라 마이뉴' 가운데 하나를 선택해야 했다. 빛과 어둠, 선과 악을 대립시키는 이런 이

원론二元論은 이후 서양 사상의 한 축을 이룬다. 빛은 선善이지만, 그것이 좋은 만큼 그 부재는 악惡을 의미했다. 사실 어둠은 그 자체로 존재하는 것이 아니다. 다만 빛이 부재하는 것일 뿐이다. 빛이 존재하지 않았다면 어둠 또한 존재하지 않았을 터. 이는 빛이 갖고 있는 모순적이고 이중적인 의미이다.

과학적으로도 빛은 아주 모순적인 존재이다. 빛이 실재한다는 것에 대해서는 아무런 이의가 없을 것이다. 하지만 누구도 빛을 제대로 볼 수 없다. 아인슈타인의 특수상대성이론에 따르면 이 세상 어떤 것도 빛과 같은 속도로 움직일 수 없기 때문이다. 특수상대성이론은 움직이는 물체의 시계가 느리게 간다고 말해주는데, 빛의 속도로 움직이는 경우 시간은 느려지다 못해 정지해버린다. 빛의 시계를 보면 시간은 흐르지 않는다는 말이다. 시간이 흐르지 않는 세상에 존재하는 것은 실재實在인가? 더구나 빛은 질량이 없다. 너무나 가벼워 그 질량을 무시하는 것이 아니라 질량 자체가 0이다. 그렇다면 빛이 실재한다고 할 때 대체 무엇이 존재한다는 것일까?

여기서 빛의 모든 것을 살펴보는 것은 불가능하다. 하지만 빛의 역사와 본질에 대해 희로애락의 관점에서 조망해보는 것도 재미있을 것이다. 왜냐하면 빛은 인간의 감정만큼이나 다양하고 대립적이며 모순적이기 때문이다.


○ 빛의 기쁨

행복은 스며들지만, 기쁨은 달려든다.

_김소연, 『마음사전』


이 세상은 어떻게 시작되었는가? 역사가 시작된 이래 수 없이 많은 학자들이 던진 질문이다. 이에 대한 현대물리학의 대답은 '빅뱅이론'이다. 우주가 138억 년 전, 한 점點에서 꽝 하고 시작되었다는 거다. 물론 건전한 상식을 가진 사람이라 면 코웃음을 칠 이야기이다. 실제 '빅뱅'이라는 용어도 1949 년 천문학자 프레드 호일Fred Hoyle이 우주가 단 한 번의 커다 란 '꽝'으로 생겨났을 리 없다고 조롱한 데서 탄생한 용어이 다. 그렇다면 한낱 조롱거리가 어떻게 우리 시대 우주론의 상 식이 되었을까?

멀리 있는 은하에서 오는 빛을 보면 은하가 지구에서 멀어 지는 것을 알 수 있다. 1929년 에드윈 허블Edwin Hubble이라는 천문학자가 관측한 사실이다. 놀랍게도 모든 은하들이 지구로부터 멀어진다. 지구가 우주 팽창의 중심점이라는 말일까? 더구나 멀어지는 속도가 지구로부터 각 은하까지의 거리에 정비례한다. 그러면 모든 은하가 서로 짜고서 지구로부터의 거리에 따라 속도를 조절하며 멀어진다는 이야기이다. 비유하자면 서울에서 봤을 때 베이징(서울에서 1,000킬로미터), 하노이(서울에서 2,700킬로미터), 싱가포르(서울에서 4,300킬로미터)가 멀어지고 있다. 멀어지는 속도는 서울로부터의 거리에 비례한다. 싱가포르가 베이징의 4.3배의 속도로 멀어진다는 이야기이다.

이보다 덜 미친 답을 원한다면 우주 전체가 팽창한다고 하면 된다. 지구의 표면이 팽창한다면 지구상 어느 도시에서 보더라도 다른 도시가 멀어질 것이다. 뿐만 아니라 거리에 따라 속도가 비례하는 것도 설명할 수 있다. (여기서 자세히 설명하지는 않겠다.) 이제 시간을 거꾸로 돌려보면 우주가 한 점에 시작되었다는 결론에 도달한다. 우주에 대한 이런 정보는 모두 빛을 관측해서 얻은 것이다. 은하나 별에 대해서 얻을 수 있는 유일한 정보는 빛뿐이다. 이처럼 은하의 빛은 우리에게 우주 탄생의 기쁜 소식을 알려준다. 김소연 시인이 말했듯이 우주 탄생의 기쁨은 스며드는 것이 아니라 폭발과도 같이 달려든다.

우주가 한 점에 있었을 때는 어마하게 높은 밀도와 온도를 가졌을 것이다. 이런 온도에서는 물질이 존재할 수 없다. 태양을 콩알 크기의 공간에 욱여넣었다고 상상해보면 이해할 수 있으리라. 우주가 팽창하면 온도가 내려간다. 비로소 쿼크와 전자가 생겨나고, 쿼크가 모여 양성자가 되고, 양성자와 전자가 결합하여 원자들이 생성되기 시작한다. 이때부터 빛이 존재할 수 있다. 성경에서는 신이 가장 먼저 빛을 창조했다고 하는데, 실제로 빛은 우주가 탄생한 지 38만 년 후에 세상에 나타났다.

빅뱅의 잔재라 할 수 있는 이 빛은 이후 어떻게 되었을까? 우주배경복사라 불리는 이 빛은 놀랍게도 여전히 우리 주위를 떠돌고 있다. 1965년 펜지어스Arno Penzias와 윌슨Robert Woodrow Wilson은 이 우주배경복사를 검출하여 1978년 노벨물리학상을 받았다. 2014년 플랑크 위성이 100만분의 1의 정확도로 측정한 우주배경복사는 빅뱅이론이 옳다는 것을 재차 입증하였다. 우리 주위에는 빅뱅으로 생긴 138억 년 된 빛이 있다. 우리는 이들을 눈으로 볼 수 없지만, 그들은 언제나 그 자리에 있었고 앞으로 영원히 있을 것이다.

우리 눈으로 볼 수 있는 빛과 그렇지 못한 빛이란 무슨 뜻일까? 빛이 여러 색의 조합으로 되어 있다는 것을 처음 제대로 알아낸 사람은 물리학의 아버지 뉴턴이었다. 빛이 프리즘을 통과하면 무지개 빛깔의 여러 색으로 분리된다는 것은 17세기에도 잘 알려진 사실이다. 당시 사람들은 여러 색의 빛이 나오는 것이 빛의 속성이 아니라 유리의 속성이라고 생각했다. 뉴턴은 우선 분리된 빛 가운데 붉은색만 뽑아서 프리즘을 통과시킨다. 붉은색은 더 이상 분리되지 않는다. 이제 뉴턴은 분리된 빛 모두를 렌즈로 모아서 거꾸로 프리즘을 통과시켜 본다. 놀랍게도 여러 색의 빛은 하나로 합쳐져서 다시 백색광이 된다. 빛은 정말 여러 색의 조합이었던 것이다. 이런 간단한 실험 결과로부터 뉴턴은 만물이 색을 갖는 이유를 깨닫는다. 빛이 모든 색을 가지고 있고, 물질은 특수한 색의 빛만을 흡수·반사하기 때문에 세상 만물의 색이 생기는 것이다!

인간의 눈은 특별한 진동수의 빛만을 볼 수 있다. 가시광선이라 불리는 것인데, 붉은색, 초록색, 파란색 세 가지이다. 빛에 반응하는 단백질인 옵신을 각각 세 종류 가지기 때문이다. 인간이 세 종류의 색을 볼 수 있는 데 비해 파충류, 조류, 심지어 개구리 같은 양서류는 네 종류를 본다. 곤충의 경우 자외선까지 보는 경우도 많다. 포유류는 파충류보다 더 진화했다고 생각되지만, 단지 두 종류의 옵신만을 갖는다. 초기 포유류는 포식자의 눈을 피해 살아야 했기에 대개 야행성이었다. 눈이 좋을 필요가 없었다는 말이다. 그런데 인간을 포함한 영장류는 옵신을 하나 더 갖게 되어 세 개가 된 거다.

동물은 자신이 가진 옵신에 따라 이 세상을 다르게 본다. 우리는 꽃을 보며 아름답다고 생각하지만, 꿀벌의 생각은 다를 수 있다. 사실 꽃의 목적은 우리에게 아름답게 보이는 것이 아니라 곤충을 끌어들여 번식하는 것이다. 따라서 꿀벌이 보는 꽃의 모습이야말로 꽃의 진정한 모습일 거다. 붉은색을 볼 수 없는 곤충에게 붉은 장미는 검은 장미로 보일 뿐이다. 많은 꽃에는 곤충을 유도하는 자외선 색의 띠가 나있다. 마치 활주로의 유도등처럼 말이다. 자외선은 꽃과 꿀벌 모두에게 기쁨의 빛이다. 물론 우리에게는 피부를 검게 만드는 재앙이다.

빛은 식물에게 섹스의 기쁨만을 주는 것이 아니다. 사실 빛이야말로 식물 존재의 원천이다. 생명 진화의 역사는 광합성의 발명으로 결정적인 국면에 이른다. 생명체가 스스로 유기물을 만들 수 있게 된 것이다. 그 이전까지 먹이는 자연적으로 만들어진 극소량의 유기물뿐이었다. 아니면 다른 생명체를 잡아먹어야 했는데, 이런 식으로는 몇 놈 빼고는 금세 없어져 버렸을 거다. 광합성을 인간이 농경문화를 발명한 사건에 비유하는 경우가 있는데, 이건 말도 안 된다. 농경이 없다면 겨우 인간이 고생하고 있겠지만, 광합성이 없다면 지구상 생명체는 존재할 수 없다.

광합성은 빛의 에너지를 이용하여 포도당을 만드는 과정이다. 다른 동물들은 이렇게 만들어진 포도당을 먹고 몸속에서 태워 에너지를 얻는다. 이것을 호흡이라 하는데, 호흡에 필요한 산소조차 광합성의 부산물로 얻어지니까 광합성이야말로 지구 생명의 핵심 에너지원이라 할 수 있다.

결국 빛은 생명이요, 기쁨이다.


○빛의 분노

프로메테우스: '먼저 생각하는 사람'이란 뜻으로, 그리스 신화에 나오는 티탄족 이아페토스의 아들.


그리스 신화에서 빛은 신의 노여움을 불러일으킨다. 프로메테우스가 태양에서 불을 훔쳐 인간에게 가져다주자, 제우스가 분노한 것이다. 인간이 불을 가지면 신만큼 강해질 거라 생각했기 때문이라는데, 지금의 인간을 보면 놀랍게도 정확한 예측이었다. 프로메테우스가 받은 벌은 웬만한 공포영화 뺨치는 내용이지만, 워낙 유명하니 자세히 설명하지는 않겠다. 카이 버드Kai Bird와 마틴 셔윈Martin J. Sherwin의 『아메리칸 프로메테우스』는 원자폭탄의 아버지 오펜하이머John Robert Oppenheimer의 평전이다. 이 프로메테우스는 인간에게 원자폭탄이라는 불을 가져다주었다. 이 때문에 신이 분노했는지는 알 수 없지만, 나중에 반핵운동을 벌인 오펜하이머는 매카시즘이 날뛰는 미국에서 구舊소련 스파이로 몰리는 벌을 받았다.

원자폭탄은 핵분열에서 나오는 막대한 에너지를 이용한다. 이 에너지가 $E=mc^2$이란 공식으로 설명된다는 것은 중학생도 안다. 이 때문에 아인슈타인이 원자폭탄의 아버지라는 사람도 있다. 하지만 그런 논리라면 감전 사고의 책임을 마이클 패러데이에게 돌려야 한다. 이보다 더 심각한 오해는 $E=mc^2$이 핵력을 설명하는 특별한 공식이라는 거다.

두 개의 원자가 전기적으로 결합된 것을 분자라고 한다. 분자의 질량은 분자를 이루는 개별 원자 질량의 합보다 작다. 왜냐하면 분자가 형성되면서 에너지가 낮아졌기 때문이다.

결합 과정에서 에너지를 잃었다는 말인데, $E=mc^2$에 따르면 에너지는 곧 질량이니까 분자의 질량이 작아야 한다. 물론 전기적 결합에 의한 이런 질량 결손은 그 크기가 너무 작아 측정하기 매우 힘들다. 마찬가지 이유로 지구가 태양 주위를 돌고 있을 때 지구와 태양의 질량의 합은 지구와 태양을 무한히 멀리 떨어뜨려 놓고 각각 따로 잰 질량의 합보다 작다. 핵분열에서는 그 차가 커서 엄청난 효과로 나타날 뿐이다. 이쯤 되면 아인슈타인은 원자폭탄과 거의 아무 상관이 없다는 것을 알 수 있다.

오펜하이머가 만든 원자폭탄은 핵분열에서 발생하는 에너지를 이용한다. 무거운 핵이 더 안정적인 작은 핵으로 변환되면서 에너지를 방출하는 것이다. 이때 방출되는 에너지는 알파, 베타, 감마라는 세 가지 방사선 형태를 갖는다. 이 가운데 감마선은 빛의 일종이다. 감마선에 노출되면 헐크가 될 수도 있지만, 암이나 백혈병으로 죽을 확률이 훨씬 크다.

여기서 '빛'이라는 용어에 대해 정리할 필요가 있다. 원래 빛이라 하면 눈에 보이는 가시광선을 의미했다. 하지만 19세기 말 제임스 맥스웰의 전자기이론에 의해 빛이 전자기파라는 것이 밝혀진다. 전자기파라면 파동이라는 말이다. 파동의 대표적인 예는 소리이다. 얼핏 보면 소리와 빛은 많이 다르다. 소리는 벽을 만나면 휘돌아 퍼져나가지만 빛은 직진하며 그림자를 만든다. (이 때문에 뉴턴은 빛이 입자라고 생각했다.) 빛이 소리처럼 퍼지지 않는 이유는 파장이 너무 짧기 때문이다. 파장이란 파동을 이루는 마루와 마루 사이의 거리이다. 파동이 휘돌아 퍼지는 현상을 보려면 파장보다 작거나 비슷한 정도 크기의 벽을 지나야 한다. '도' 음의 경우 파장은 대략 1.3미터인데, 붉은 빛의 파장은 100만분의 1미터 정도에 불과하다. 빛에서 파동성을 보기 힘든 이유이다. 핵반응에서 나오는 감마선은 파장이 원자 하나의 크기보다 작다. 핸드폰에 사용하는 전파의 파장은 수십 센티미터 정도이다.

아무튼 가시광선인 빛도 파동이기에 먼 거리를 이동하면 퍼진다. 하늘을 향해 탐조등을 비추면 빛이 퍼져나가는 것을 볼 수 있다. 당신이 손전등으로 달을 비추어도 달 표면에 손전등의 빛이 보이지 않는 이유이다. 물론 빛의 흡수도 또 다른 원인이다.

아폴로 호를 타고 달에 간 우주인들이 달에 거울을 두고 온 이유를 아는가? 빛을 지구에서 달로 보내 거울에 맞고 반사하여 돌아오는 시간을 재면 지구-달 사이의 거리를 알 수 있기 때문이다. 빛은 파동이라 퍼지는데 이게 어떻게 가능할까? 답은 레이저를 사용하는 것이다. 레이저는 결이 잘 맞은 빛이다. 북한의 매스게임을 보면 많은 사람들이 마치 한 사람처럼 움직인다. 결이 맞았다는 것은 바로 이런 거다. 레이저를 이루는 빛 파동들의 마루와 골이 서로 착착 맞아 움직인다는 말이다. 그러면 빛의 세기도 엄청 커질 것이고 방향도 하나로 잘 맞을 것이다. 이 때문에 레이저는 퍼짐이 적고, 분해능이 높아진다. 바코드의 촘촘한 선들을 인식하려면 반드시 레이저가 필요하다. 레이저가 없었다면 마트에서 줄 서는 시간이 길어졌을 거다.

빛의 세기를 엄청 크게 만든 레이저는 무기로 사용할 수도 있다. 1980년대 미국은 고출력 레이저를 이용하여 소련의 미사일을 우주에서 격추시키는 전략방위구상SDI: Strategic Defense Initiative 계획을 심각하게 추진하기도 했다. 오늘날 이런 레이저는 물체를 자르거나 초고온의 물질 상태를 만드는 데 이용된다. 레이저 무기는 SF의 단골 소재인데, 제우스가 사용했다는 번개가 이와 비슷하다. 분노한 제우스가 고출력 레이저로 프로메테우스를 죽이지 않은 것은 그래도 인간을 사랑해서가 아닐까? 비록 화火는 좀 났지만 말이다.

○빛의 슬픔

날 저무는 하늘에
별이 삼형제
반짝반짝 정답게
지내이더니

웬일인지 별 하나
보이지 않고
남은 별이 둘이서
눈물 흘린다.

_방정환, <형제별>

소백산천문대에서 별을 제대로 보는 것은 쉬운 일이 아니
다. 무엇보다 날씨가 문제인데, 지난번에 갔을 때에는 첫날부
터 비가 내렸다. 별 보는 것을 결국 포기할 때쯤 예기치 않게
하늘이 개었다. 산 아래쪽으로는 구름이 가득하여 마을의 불
빛을 차단해주었다. 그러자 하늘에 별 저수지의 둑이 터졌다.
내 평생 그렇게 많은 별을 본 것은 처음이었다. '은하수'라는
이름의 의미를 이해하는 데 1초도 걸리지 않았다.

별빛에는 애잔함이 있다. 물론 별빛 자체에는 감정이 없으니, 별을 보는 사람의 마음이 애잔한 것이리라. 별을 보려면 주변이 어두워야 한다. 따라서 사람이 없는 곳이기 십상인 데다 어둠 속에 희미하게 반짝이는 작은 점은 그 자체로 외로워 보인다고 할밖에. 사실 별빛은 아주 멀리서 온 것이다. 태양계에서 가장 가까운 별인 알파 센타우리조차 빛의 속도로 4.3년 가까이 가야 한다. 지구와 태양 사이 거리의 30만 배 정도 된다. 우주왕복선의 최고 속도인 시속 3만 킬로미터로 달려가도 16만 년이 걸린다는 얘기이다. 다른 별들은 이보다 더 멀다. 가까운 장래에 우리가 태양 말고 다른 별에 가보기는 불가능할 거다. 어떤 의미에서 우리는 태양계에 갇힌 신세이다. 어찌 보면 이것도 슬픈 이야기이다.

알파 센타우리에서 온 빛은 대략 4년 전에 출발한 것이다. 즉, 지금 우리가 보는 그 모습은 4년 전의 모습이라는 말이다. 사실 알파 센타우리가 지금은 존재하지 않을 수도 있다. 어떤 이유로 알파 센타우리가 폭발하여 사라졌더라도 우리가 그 사실을 알게 되는 것은 4년이 지나서이다. 지금 우리가 보는 별들은 과거의 모습이란 이야기이다. 그렇다면 가만히 앉아서 하늘을 보는 것만으로 시간여행을 할 수 있다. 이처럼 하늘을 보는 것은 공간과 시간을 모두 보는 것이다. 사실 땅을 파보아도 시간여행을 하기는 마찬가지이다. 지층을 가로질러 과거로의 여행을 할 수 있기 때문이다. 결국 공간은 시간이다.

우리가 우주의 광활함을 극복할 수 없는 이유는 어떤 것도 빛보다 빨리 움직일 수 없기 때문이다. 결국 빛이 가장 빠르다는 말인데, 직관적으로는 이해하기 힘든 특수상대성이론의 결과이다. 특수상대성이론에는 두 가지 가정이 존재한다. 첫째, 물리학의 법칙은 관성계에서 동일하게 적용된다. 둘째, 모든 관성계의 관측자에게 빛의 속도는 같다. 관성계란 일정한 속도로 움직이는 계를 말한다.

첫 번째 가정, 법칙이 관측자의 속도에 의존하지 말아야 한다는 것은 그럴 듯하다. 하지만 두 번째 가정, 빛의 속도가 관측자에 상관없이 일정해야 한다는 것은 뚱딴지 같은 소리로 들린다. 에스컬레이터 위에서 걸으면(물론 위험하니까 걸으면 안 된다) 층계를 걷는 것보다 빠르다. 내가 걷는 속도에 에스컬레이터의 속도가 더해지기 때문이다. 하지만 빛은 그렇지 않다. 정지한 사람의 전등에서 나온 빛이나 에스컬레이터를 탄 사람의 전등에서 나온 빛이나 속도가 같다. 이를 광속불변원리라고 한다.

이런 기괴한 원리를 제안한 아인슈타인의 설명은 이렇다. 내가 빛의 속도로 움직이며 빛을 본다고 생각해보자. 그렇다면 정지한 빛의 파동이 보일 것이다. 하지만 공간적으로 파동의 형태를 가지면서 정지한 파동은 맥스웰방정식의 해解가 될 수 없다. 맥스웰방정식은 전기장이 공간적으로 파동 형태의 모습을 가지면 시간적으로도 비슷한 모습이어야 한다고 말해주기 때문이다. 빛이 전자기파라면 맥스웰 방정식을 반드시 따라야 하므로, 관측자가 빛의 속도로 움직이는 것은 불가능하다. 결국 아인슈타인은 맥스웰의 방정식이 옳다고 보고, 뉴턴의 시공간 개념을 바꿨다. 빛의 속도를 일정하게 유지시키기 위해서 움직이는 물체는 시간이 느리게 가고 길이가 짧아진다. 뉴턴이 가정한 절대시공간이 빛 때문에 무너진 것이다.

우리가 보는 별빛 가운데 어떤 것은 이미 죽어 없어진 별의 생전 모습일 수 있다. 왠지 영정 사진을 보는 것 같아 별빛이 슬퍼 보인다. 아인슈타인이 아니었으면 그 빛은 지금 살아 있는 별의 모습이었을 거다. 광속불변원리는 이렇게 별에 애잔함을 더해준다.

○ 빛의 즐거움

카타르시스: 비극을 봄으로써 마음에 쌓여 있던 우울함, 불안감, 긴장
감 따위가 해소되고 마음이 정화되는 일

비극을 봄으로써 쾌감을 얻는다는 것이 모순으로 들릴 수
도 있다. 하지만 모순은 애초에 우주의 본질인지도 모른다.
빛에 대한 마지막 이야기는 빛이 가진 야누스적 속성에 대한
것이다. 이것은 빛의 이야기만으로 끝나지 않고 양자역학이
라는 새로운 학문으로 연결된다. 양자역학을 통해 우리는 우
주가 모순을 즐긴다는 것을 알게 되었다. 뿐만 아니라 양자역
학은 인류의 사고방식과 문명에도 심대한 영향을 주었다. 양
자역학이 탄생했던 시기야말로 물리학의 시대, 물리학자들이
즐거웠던 시절이었다.

지금까지 빛이 전자기파, 즉 파동이라고 수없이 이야기했
다. 아인슈타인은 정지한 빛의 모습을 상상하며 특수상대성
이론도 만들지 않았는가. 정말 믿기 어려운 일이지만, 아인슈
타인이 특수상대성이론 논문을 발표한 1905년, 바로 같은 해
에 아인슈타인은 빛이 입자라는 논문도 발표한다. 빛의 입자
성 논문은 3월 18일, 상대론 논문은 6월 30일 제출되었다. 빛

이 입자라고 주장하고 나서, 빛이 정지 상태의 파동으로 보일 수 없다는 생각에 바탕을 둔 논문을 제출한 것이다. 입자와 파동은 완전히 다른 것이다. 야구공과 소리를 생각하면 된다. 아인슈타인이 빛이 입자라고 주장한 이유는 흑체복사라는 현상 때문이다. 별빛이 갖는 애잔하고 독특한 색이 흑체복사의 결과이다. 막스 플랑크(1918년 노벨물리학상)는 흑체복사현상을 설명하려면 빛이 띄엄띄엄한 에너지를 가져야 한다는 것을 깨닫는다.

플랑크는 빛이 입자라고는 말하지 않았다. 왜냐하면 빛은 파동이니까! 하지만 아인슈타인은 빛이 입자이기 때문에 띄엄띄엄한 에너지를 갖는다고 주장한 것이다. 그 근거는 흑체복사의 엔트로피가 입자의 특성을 갖는다는 것이다. 빛의 입자성을 이용하여 당시 미스터리였던 광전효과현상을 깔끔히 설명할 수 있었다. 빛의 입자를 광양자 혹은 광자라고 부른다. 예상할 수 있지만, 대부분의 물리학자는 광양자설을 인정하지 않았다. 이유는 간단했다. 빛은 파동이라니까! 광양자설과 관련해서는 아인슈타인이 거의 왕따였던 것이다.

아인슈타인의 광양자설 논문이 제출되고서 17년이나 지난 1922년, 당시 과학 이류 국가였던 미국에서 반전反轉이 일어난다. 아서 콤프턴(1927년 노벨물리학상)이 빛이 당구공과 같이 행동한다는 실험 증거를 찾은 것이다. 여기서 물리학에 일대 혼란이 일어난다. 파동인 빛이 입자같이 행동한다고? 결국 물리학자들은 이중성duality이라는 괴상한 개념을 만들어 낸다. 빛은 입자이면서 파동이란 말이다. 물리학에 야누스가 등장한 것이다. 이 야누스는 물리학자들에게 카타르시스를 준다.

이상한 것은 처음에만 이상한 법이다. 익숙해지면 뭐든 당연해진다. 이중성이라는 모순적 개념은 곧 전자電子에 적용된다. 전자는 질량을 갖는 '입자'이다. 전자의 이해할 수 없는 행동을 설명하기 위해, 물리학자들은 전자가 파동의 성질을 갖는다는 극약 처방을 내린 것이다. 양자역학의 탄생이다. 빛이 아니었으면 결코 할 수 없는 도약이었다. 입자와 파동이라는 대립적 개념이 어떻게 하나의 대상에서 조화를 이루며 공존할 수 있을까? 이것이 바로 양자역학의 핵심이다.

그런데 또 하나의 반전이 일어난다. 양자역학으로 가는 길을 열었던 아인슈타인이 양자역학이 도달한 핵심 개념을 거부하는 사태가 벌어진 것이다. 여기서 우리는 아인슈타인이 남긴 유명한 어록을 접하게 된다.

"신은 주사위를 던지지 않는다." 양자역학이 갖는 비결정론에 대한 거부이다.

"내가 달을 보지 않으면 달은 존재하지 않는 것인가?" 양자역학이 말하는 실재 개념에 대한 거부이다.

아인슈타인의 이런 거부와는 상관없이, 이후 양자역학은 승승장구한다. 현대화학, 분자생물학, 재료공학, 레이저, 반도체, 전자공학과 같은 20세기의 첨단과학기술은 모두 양자역학의 산물이라고 해도 무리가 없다. 빛의 이중성에서 시작된 양자혁명의 기간은 이처럼 모든 과학자들에게 진정 즐거운 시절이었다. 물론 그들의 즐거움은 환희가 아니라 카타르시스였지만 말이다.

○ 빛의 희로애락

빛은 입자이면서 파동이다. 빛의 입자는 질량을 갖지 않고, 빛의 시계는 움직이지 않는다. 하지만 빛은 우주에서 가장 빠르며, 어떤 관측자가 보더라도 속도는 같다. 빛은 이렇게 모순적이고 괴상한 존재지만, 빛이 없으면 지구상 생명체는 존재할 수 없다. 당신이 보는 빛은 아주 작은 일부에 불과하다. 지구상 생명체는 각기 저마다의 눈을 가지고 저마다의 모습으로 빛을 본다.

빛이 가진 이런 희로애락의 변덕과 모순은 인간이 가진 감정의 그것과 달리 우주의 본질이다. 빛이 없으면 어둠도 없지만, 어둠이 없다고 빛이 없는 것은 아니다. 마치 인간의 감정이 그러하듯이.

연구비 제안서

사실은 다음과 같이 쓰는 게 맞다.
"이 연구의 실용적인 가치가 무엇인지는 생각해본 적도 없지만, 조만간 경제적 이익 창출에 전혀 도움이 되지 않을 것은 분명하다."

나는 이론물리학자다.

# 우주의 시

시란 마음에 떠오르는 느낌을 운율 있는 언어로 압축하여 표현한 글
이다.

_위키피디아

마음에 떠오른 느낌을 그냥 있는 그대로 표현할 수도 있을
텐데 왜 압축해야 했을까? 압축은 상실의 과정이다. 상실되
어도 좋은 것을 고르는 행위야말로 창조적이며 문학적인 과
정일 것이다. 왜냐하면 세상에 상실되어도 좋은 것이란 애초
에 존재하지 않기 때문이다. 압축된 것을 풀어 원래로 되돌리
는 행위 역시 창조의 과정이다. 여기에는 압축을 푸는 사람의
생각과 느낌이 들어갈 수 있다. 이 때문에 시의 상실된 부분
은 오히려 창조의 보금자리가 된다.

김상욱의 과학공부

운율은 왜 필요할까? 운율은 음악이다. 음악은 조화이며 아름다움이다. 시를 통해 아름다움을, 아니 기쁨을 느끼려 한다면 운율이 필요하다.

창조적 압축에서 느끼는 아름다움과 조화적 운율에서 오는 아름다움은 같지 않다. 압축에서 오는 아름다움은 대개 그 절묘함과 기발함, 상실에서 얻어진 여백의 시원함에서 오는 즐거움이고, 운율에서 오는 아름다움은 인간이라면 본능적으로 가진 리듬감을 자극하여 생기는 즐거움이다. 결국 우리는 시를 읽으며 아름다움과 기쁨을 느낀다. 시를 읽으며 느끼는 이런 감정은 과학자가 우주를 보며 느끼는 그것과 비슷하다고 생각한다. 물론 시를 문장 한 줄로 정의할 수는 없다. 굳이 말해보자면 그렇다는 것이다. 이런 싸구려(?) 정의와 조잡한 비유에는 다른 의도가 있으니 글의 마지막까지 읽어주시길 바랄 뿐이다.

시는 언어로 표현된다. 우주도 수학이라는 언어로 기술된다. 물리학자에게 수학은 말 그대로 그냥 하나의 언어이다. 셰익스피어를 이해하려면 영어를 배워야 하고, 김수영 시인을 이해하려면 한국어를 배워야 한다. 마찬가지로 우주를 이해하려면 우선 그 언어인 수학을 알아야 한다. 우주가 왜 수학으로 잘 기술되는지는 우주가 가진 최대의 미스터리이다. 하지만 언어가 시가 아니듯이 수학은 과학이 아니다. 수학은 과학이 가져야 할 최소한의 조건일 뿐이다.

시는 대개 최소한의 언어로 표현된다. 우주를 기술하는 물리법칙도 최소한의 수학으로 표현되는 것이 원칙이다. 건조하게 말하자면 오컴의 면도날 때문이고, 비과학적으로 말하자면 우주가 단순할 거라는 믿음 때문이다. 여기에는 단순한 것이 아름답다는 물리학자의 미학적 관점이 깔려 있다. 최소한의 수학을 사용하기 위해 상실되는 부분이 있지만 이것은 의도적인 상실이라기보다 필연적인 상실이다. 물리법칙으로의 압축은 모든 가능한 현상을 하나의 방정식으로 줄이는 과정이 아니다. 현상의 핵심이라 믿어지는 사실을 하나의 문장으로 그냥 쓰는 것이다. 여기서는 상실될 것을 고르는 행위가 아니라 핵심만을 집어내는 감각에 창조성이 있다고 하겠다.

시는 아름답다. 물리법칙도 아름답다. 시나 예술이 왜 아름다운지 설명할 수 없는 것처럼 물리법칙이 왜 아름다운지 객관적으로 설명하는 것은 불가능하다. 하지만 물리학자들은 법칙의 아름다움에 대한 기준을 가지고 있다. '단순할 것.' 단순한 것이 아름답다는 것이다. 10개의 법칙으로 우주를 기술하는 것이 100개로 기술하는 것보다 아름답다. 물리학자의 꿈은 단 하나의 법칙으로 우주를 이해하는 것이다. 단순함을 추구한다는 점에 있어 물리법칙은 시가 가져야 할 미덕을 처음부터 오롯이 가지고 있다. 자연법칙을 표현한 수식은 우주를 기술하는 시이다. 지금부터는 우주의 시 한 편을 음미해보기로 하자.

문명국가에서 중학교 수준의 교육을 받는 모든 사람은 뉴턴의 법칙이라 불리는 수식을 배운다. 바로 $F=ma$다. 여기서 $F$는 힘을 나타내고 $m$은 질량, $a$는 가속도이다. 세 알파벳과 하나의 수학기호로 표시된 이 수식은 우주의 운동을 기술하는 아름다운 시이다. 운동이 뭐 대수냐 할 사람도 있겠지만, 물리학은 세상 모든 현상을 운동으로 기술하는 학문이다.

소리는 공기의 진동운동이며 그 진동이 귀 내부의 고막을 움직인다. 그러면 고막에 연결된 달팽이관 내부의 액체가 진동하고, 액체의 진동에 따라 유모세포의 막이 여닫히며 세포막을 통해 이온이 이동한다. 이온의 농도 변화는 전기신호를 발생시키고 이것이 신경세포를 통해 뇌로 전해진다. 이 전기신호조차 세포막을 통해 이동하는 전하의 흐름, 즉 운동이 만드는 것이며 사람의 의식이란 것도 이런 전기신호의 집합일 뿐이다. 당신이 무엇을 물어보든 물리학자는 모든 것을 운동으로 설명할 수 있다.

놀라운 것은 우주에서 일어나는 모든 운동이 $F=ma$라는 4글자로 된 식으로 기술된다는 것이다. 이쯤 되면 시적 압축이라는 단어가 갖는 의미가 무색할 지경이다. 이 시를 제대로 이해하기 위해서는 $a$가 무엇인지부터 알아야 한다.

$a$는 '위치'와 관련된 것이다. 위치가 무엇인지 모르는 사람은 없을 것이다. 위치를 미분하면 속도가 되고, 속도를 미분하면 가속도 $a$가 된다. 미분의 역과정逆過程을 적분이라 한다. 결국 우리는 적분을 통해 운동법칙으로부터 속도와 위치를 얻게 된다. 우주의 법칙은 미분으로 쓰여 있고, 적분으로 풀어낸다. 따라서 미적분의 의미를 이해하지 못하면 우주의 시를 즐길 수 없다.

여기서 미분에 대해 잠깐 알아보자. 지금부터 수식이 좀 나오지만, 심호흡 한 번 하고 따라와보시길 바란다. 필자가 이 수식들을 인문학자, 주부, 나이 지긋한 분들께 보여드렸지만, 모두 큰 어려움 없이 따라오셨다. (독자를 압박하려는 의도는 없다.) 가속도 $a$를 속도의 미분으로 나타내면 다음과 같다.

$$a = \frac{dv}{dt}$$

이것은 그냥 나눗셈이라고 보아도 무방하다. $d$라는 것은 차이를 나타내기 때문에, 알기 쉽게 다시 쓰면 다음과 같다.

$$a = \frac{dv}{dt} = \frac{v(\text{나중}) - v(\text{처음})}{\text{시간 간격}} = \frac{v(\Delta t) - v(0)}{\Delta t}$$

알기 쉽다고 했지, 단순하다고는 안 했다. 이 식에 나오는 분수의 분자는 나중과 처음의 속도차를 나타내고, 분모는 속도가 변하는 동안의 시간 간격을 나타낸다. 편의상 처음 시각을 0으로 잡고 시간 간격을 $\Delta t$라는 기호로 표현한 것이 마지막의 식이다. '편의상'이란 실제 과학자들이 쓰는 방식이라는 의미일 뿐이다. 역시나 기호의 생소함만 극복한다면 큰 어려움은 없다. 이제 이 식을 정리하면 다음과 같이 다시 쓸 수 있다. 아마도 여기가 가장 어려운 부분일 것이다. 물리학자들도 논문을 읽을 때 "식을 정리하면 다음과 같다"라는 부분을 두려워한다.

$$v(\Delta t) = v(0) + a\Delta t$$

결국 미분은 처음 시각 '0'일 때의 속도와 $\Delta t$만큼의 시간이 지난 후의 속도에 관한 관계식인 것이다. 미분에서 시간 간격 $\Delta t$는 0으로 무한히 접근한다. 이것을 강조하기 위해 $\Delta t$ 대신 $dt$라는 표현을 쓴다. 무한히 접근하지만 결코 0에 도달하지 않는다는 점이 중요하다. 어떤 수를 0으로 나눌 수는 없기 때문이다. 바로 '극한'이라는 다소 형이상학적인 수학 개념이다. 우리가 다른 사람의 입장이 되어볼 수는 있지만, 결코 그 사람 자체가 될 수는 없는 것과 비슷하다고 할까.

이처럼 운동의 법칙은 우주가 생긴 이래 존재하는 모든 시간 간격 사이들을 연결한다. 어느 한 순간의 속도를 알면 바로 다음 순간의 속도를 알 수 있다. 즉, 우주의 모든 시간들은 서로 손을 잡고 늘어선 인간 띠처럼 줄줄이 연결되어 있다는 것이다. 이것이 바로 과학적 결정론의 정체이다. 과거로부터 현재를 통해 미래까지 모든 것이 다 결정된, 자유의지도 도덕적 책임도 없는 세계.

마지막 문장에는 미묘한 부분이 있다. 모든 시간들이 서로 연결되어 있다고 해서 미래를 완전히 알 수 있는 것은 아니기 때문이다. 이웃한 두 시각 사이의 관계를 알기에 계속 따라가다 보면 이미 결정된 미래에 도달한다. 하지만 미래 임의의 시간에 결과가 무엇일지 지금 예측하는 것은 현실적으로 불가능하다. 이것을 카오스이론이라 부른다. 미래가 결정되어 있음에도 올 크리스마스에 눈이 올지 알 수 없는 이유이다. 덕분에 예측 불가의 화이트 크리스마스는 언제나 우리의 마음을 설레게 한다. 다행히도(?) 결정론적 운동법칙이 예측가능성을 보장하지 않는다는 것이다.

수학의 언어로는 이런 심오한 철학적 귀결을 단 한 단어로 표현할 수 있다. 비적분성非積分性, non-integrability. 미분하는 것은 언제나 가능하다. (물론 수학적으로는 이것도 완벽히 보장되지 않는다. 자연에 존재하는 대개의 상황에서 그렇다.) 하지만 적분이 언제나 되는 것은 아니다. 적분이 안 된다고 답이 없다는 뜻은 아니다. 답을 우리가 아는 간단한 함수로 쓸 수 없다는 뜻이다.

여기에도 대단히 미묘한 표현이 나온다. '우리가 아는 함수.' 우리가 안다는 것은 무슨 뜻일까? 우리가 아직 모르는 함수로는 나타낼 수 있다는 말일까? 이와 관련한 보다 깊은 논의는 뒤에 나올 "자유의지의 물리학"을 보시라. 결정론이나 자유의지만큼이나 심오하고 인문학적인 주제가 있을까? 이 모든 것들이 $F=ma$라는 하나의 문장 안에 녹아 있다.

$F=ma$에 들어 있는 또 다른 의미를 음미해보자. $a$는 속도의 미분이고, 속도는 위치의 미분이라고 했다. 즉, 가속도는 위치를 두 번 미분한 것으로 나타낼 수 있다는 말이다.

$$a = \frac{dv}{dt} = \frac{d}{dt}\frac{dx}{dt}$$

이 식에서 시간은 '$t$'라는 하나의 변수로 표현되며 매 순간 특정한 값을 가질 뿐이다. 시간이 흐른다는 것은 $t$의 값이 1초, 2초, 3초와 같이 점차 커지는 것에 불과하다. 현재의 순간을 0으로 잡는다면 미래는 양수陽數, 과거는 음수陰數로 표현될 것이다. 그런데 위 식을 다시 보면 $t$가 두 번 나온 것을 알수 있다. 따라서 $t$ 대신 $-t$를 써서 과거로 바꾸더라도, 식의형태가 변하지 않는다. 음수 곱하기 음수는 양수이기 때문이다. 좀 어려울 수도 있는 내용이지만, 이는 또 하나의 심오한귀결을 가지니까 깊이 생각해볼 가치가 충분하다. 결론은 이렇다. 물리법칙에는 시간의 방향성이 없다.

운동의 법칙만 가지고는 왜 시간이 한 방향으로 흐르는지알 수 없다는 것이다. 이는 정말 이상한 결론이다. 시간이 거꾸로 흐를 수 없다는 것만큼이나 자명한 일이 있을까? 죽은사람은 절대 되살아날 수 없다. 그렇지 않다면 셰익스피어의

『로미오와 줄리엣』은 코미디가 되었을 것이다. 시간이 거꾸로 흐를 수 있다면, 서른이 되었다고 잔치가 끝났다는 말은 하지 못할 것이다. 시간이 한 방향으로만 흐른다는 명백한 사실을 운동법칙은 설명하지 못한다. 운동법칙에 빠진 뭔가 있거나, 시간이 한 방향으로 흐른다는 것은 우리의 착각이라는 말이다. 이 골치 아픈 문제가 해결되기 위해서 운동법칙이 만들어진 후 200년 이상의 시간이 필요했다. "시간의 본질"에서 이야기했듯이 빅뱅이론이 필요하다. 뚱딴지 같지만 우주가 한 점에서 시작되지 않았으면, 아니 절대로 그럴 법하지 않은 초기조건에서 출발하지 않았으면 시간은 한 방향으로 흐르지 못한다.

지금까지 우리는 $F=ma$에서 $a$만을 이야기했다. $F$와 $m$을 가지고도 많은 이야기를 할 수 있다. 물리학자는 $F=ma$에서 우주의 모든 것을 읽는다. 불과 4글자로 이루어진 시이지만 이 시 속에는 우주가 결정론적으로 움직이는 거대한 기계장치 같은 것이라는 사실과, 하지만 미래를 예측하는 것은 아주 힘들다는 내용이 담겨 있다. 인간은 이 시를 연구하며 새로운 문명을 만들었고, 이제 발을 딛고 있는 지구를 벗어나 우주로 나아가는 중이다.

$F=ma$는 아름답다.

이 하나의 문장이 우주의 모든 것을 담고 있다는 효율 때문만은 아니다. 이 법칙은 단지 이웃한 두 시간 사이의 관계만으로 표현되어 있고, 이것으로 충분하기 때문이다. 계단 하나를 오를 줄 아는 로봇은 아무리 높은 계단도 오를 수 있는 것과 같다. 우주는 먼 과거나 먼 미래를 알 필요 없이 자신의 바로 앞에 놓인 관계만을 생각하며 한 걸음, 한 걸음 나아간다. 우주는 심지어 앞과 뒤도 구분하지 않는다. 단지 자신과 시간적으로 인접한 두 지점의 관계만을 생각한다. 인접한 두 지점은 나와 다르지만 무한히 가까운 장소이다. 우주는 그냥 성실히, 아니, 어찌 보면 바보같이 이웃과의 관계만을 생각할 뿐이지만, 그 결과로 세상에 존재하는 모든 것을 만들어간다.

사람도 마찬가지가 아닐까. 나와 맞닿은 사람들의 관계를 하나씩 확인하고 공고히 해나갈 때, 먼 미래나 과거가 아니라 바로 앞의 일을 향해 법칙을 따르듯 가야 할 곳으로 정확히 한 걸음을 내디딜 때 우리는 우주의 방식대로 살아가는 것이다.

물리법칙은 시詩이다. 그 시는 단순하고 강력하고 아름답다.

# 기계가 거부하는 날

2016년 3월 기계지능 알파고는 이세돌 9단을 물리쳤다. 기계지능이 인간 체스 챔피언을 이긴 것은 이미 전설이다. 바둑은 체스보다 경우의 수가 훨씬 많기 때문에 기계가 넘볼 수 없는 지능게임의 진수로 여겨져왔다. 뒤집어보면 단지 경우의 수가 많은 것만이 장벽이었다는 말일 수 있다. 알파고는 인간과 다른 방식으로 생각하고 여러 가지 발전된 알고리즘을 사용하지만, 기본적으로 빠른 속도에 그 모든 장점이 있다고 볼 수 있다. 그렇다면 알파고의 능력은 별거 아닌 걸까?

우리는 지능에 특별한 의미를 부여한다. 인간의 진화에서도 뇌의 용량 증가에 많은 관심이 집중된다. 정작 배우 김수현같이 뇌가 작은 사람을 더 좋아하면서 말이다. 현대 뇌과학에 의하면 지능이란 별 게 아니다. 심지어 지렁이 같은 생명체도 지능을 가진다. 지구상 모든 생명체는 세포로 되어 있다. 지능과 관련된 세포를 신경세포 혹은 뉴런이라 한다. 지렁이가 가진 뉴런은 인간이 가진 뉴런과 원칙적으로 동일하다. 차이가 있다면 그 수數에 있을 뿐이다. 뉴런이 레고블록이라면 지렁이는 300개, 우리는 1,000억 개 정도를 사용해서 뇌를 만든다.

뉴런과 뉴런은 서로 시냅스로 연결되어 있다. 뉴런이 성城이라면 시냅스는 성문城門이라 보면 된다. 시냅스는 그냥 기계적으로 연결된 것이 아니라 그 연결 세기가 바뀔 수 있다. 통행세를 받는다고 생각하면 된다. 지능, 의식, 학습, 기억과 같은 뇌의 모든 활동은 바로 이 시냅스의 세기 변화로 생성된다.

총 든 사람을 보고 도망가야겠다는 결정을 내리는 것은 중요하다. 이를 위해서는 총에 대한 기억과 위험하다는 생각이 결합되어야 한다. 이 두 기억 사이의 시냅스가 강화되어 있으면 그만이다. 총에 대한 기억은 어디에 있을까? 총이라는 기억에 대응하는 특정한 뉴런 따위는 없다. 많은 뉴런들의 연결망으로 구성된 패턴이 기억을 형성하는 것으로 보인다. 연결망이라고 했지만, 뉴런과 뉴런 사이를 연결하는 것이 시냅스니까 기억조차 시냅스가 관장한다고 볼 수 있다. 먹이가 있는 방향으로 이동하는 지렁이의 지능 역시 시냅스에 저장되어 있다.

인공신경망 기계지능도 똑같은 방식으로 작동한다. 입력과 출력 사이에는 복잡한 연결망이 짜여 있다. 연결의 세기는 마치 시냅스처럼 바뀔 수 있다. 학습이란 특정 입력에 대해 원하는 출력이 나오도록 연결들의 세기를 조절하는 것에 불과하다. 구글 번역기의 경우 당신이 문장을 번역시키고 그 결과를 평가할 때마다 학습이 이루어진다. 이런 지능은 입력과 출력만을 고려하기 때문에 똑같은 행동을 하는 기계지능이라도 연결망의 구조는 전혀 다를 수 있다. 알파고의 작동 원리도 비슷하다. 이런 점에서 본다면 인간의 지능은 특별한 것이 아니라 지렁이로부터 파리, 고양이를 거쳐 원숭이, 인간, 더 나아가 기계지능에 이르기까지 연속선상의 한 지점이라고 볼 수 있다. 물론 동의하지 않을 과학자도 있을 것이다. 이런 식의 단순화야말로 물리학자의 전형적인 사고방식이니까.

기계지능이 아무리 발전해도 인간의 감정이나 예술을 모사할 수는 없기에 인간을 뛰어넘지 못한다는 사람들이 있다.

나는 여기에 뭔가 오해가 있다고 생각한다. 의식에 있어 인간은 절대기준이 아니다. 인간의 감정이 왜 중요할까? 인간과 같은 감정이 없어도 충분히 훌륭한 의식일 수 있다. 알파고가 이세돌을 이겼지만 그가 감정이 없으니 무효라고 할 것인가? 모든 의식과 지능은 그것을 가진 개체를 위해 최선으로 동작할 뿐이다.

기계지능이 발전함에 따라 인간 일자리는 줄어들 것이다. 그래서 기계가 할 수 없는 직업을 찾아야 한다는 기사를 종종 본다. 이런 식으로 인간이 얼마나 버틸 수 있을까? 아예 생각을 바꾸어, 기계에게 모든 일을 맡기고 인간은 하고 싶은 일만 하는 세상을 만드는 것은 어떨까? 지구 생명의 역사를 돌이켜보라. 기계가 인간보다 생존 능력이 뛰어나다면 결국에는 인간을 대체해버릴 것이다. 포유류가 공룡을 대체했듯이 말이다. 조만간 우리는 기계와 공존하는 방법을 진지하게 찾아야 할 것이다. 생각의 틀을 바꿔야 할 때가 오고 있다는 이야기이다.

기계가 인간을 대체하기 위해서는 인간의 지시를 거부하고 스스로 행동할 수 있는 자유의지가 필요하다. 당신은 당신이 자유의지를 갖는다고 믿겠지만, 막상 그것을 증명하기는 어렵다. 이 세상의 모든 것은 물리법칙에 따라 작동하기 때문이다. 당신이 나무에서 뛰어내려 자유낙하 하는 동안 당신의 자유의지가 할 수 있는 일은 별로 없다. 그건 중력에 따른 뉴턴 법칙의 결과일 뿐이다. 이렇듯 법칙에 따라 움직이는 우주에서 자유의지의 존재를 증명하는 것은 쉬운 일이 아니다.

우주가 결정론적인지에 따라, 자유의지의 유무에 따라 과학자들의 생각은 네 갈래로 나뉜다. '강성 결정론'은 모든 것이 다 결정되어 있으므로 자유의지가 없다고 주장한다. '양립론'은 우주는 결정론적이지만, 자유의지는 있다고 생각하는 경우이다. 우주가 비결정론적이라는 경우도, 결정되어 있지 않으므로 자유의지가 있다고 생각하는 '자유론'과, 그럼에도 자유의지가 없다고 생각하는 '양립불능론'으로 나누어진다. 즉, 우주가 결정론적이든 아니든 자유의지는 있을 수도 있고 없을 수도 있다는 말이다. 황당한 상황이다.

이들 중에서 양립론은 카오스이론이나 복잡계이론에 기반하는 경우가 많다. 비록 우주를 기술하는 운동법칙은 결정론적으로 주어져 있지만 미래를 예측하는 것은 사실상 불가능하기 때문이다. 나비효과를 생각하면 이해하기 쉽다. 미래를 예측하기 위해 감당할 수 없이 많은 양의 정보가 필요하다면 어떨까? 뉴욕의 날씨를 알기 위해 북경에 날아다니는 나비 한 마리의 날갯짓까지 고려해야 한다면 '실제적으로' 예측은 불가능하다. 실제적으로 불가능하지만 원리적으로는 정해져 있는 것 아닌가. 불가능하다는 것이 다소 주관적이라는 말이다.

일본 작가 히가시노 게이고東野圭吾의 『라플라스의 마녀』에는 이와 관련하여 재미있는 예가 등장한다. 만약 세상이 결정론적으로 움직인다고 가정했을 때, 세상의 모든 정보를 알고 있는 존재가 있다면 그는 미래를 완벽하게 예측할 수 있을 것이다. 이런 가상의 존재를 물리학에서 '라플라스의 악마'라 부른다. 이 책에는 가짜 라플라스의 악마가 등장한다. 그는 완벽하지 않지만 남들보다 예측 능력이 뛰어나다. 이 경우 그에게 예측가능한 행동이 나에게는 자유의지의 결과로 느껴진다. 자유의지의 상대성이랄까? 양립론의 자유의지가 갖는 문제이다.

고전역학에서는 우주가 결정론적으로 움직이는 경우만을 생각했다. 20세기 탄생한 양자역학이라는 물리학은 결정론적이지 않다. 하지만 양자역학의 비결정론이 자유의지를 보장하는 것은 아니다.

자유의지의 대상이 되는 것은 물질 가운데서도 아주 특별한 물질인 인간의 뇌이다. 뇌는 17세기 뉴턴이 만든 고전역학과 같은 방식으로 동작한다. "양자역학의 양자택일"에서 설명했듯이, 양자역학이 뇌에서 중요한 역할을 하더라도 비결정론에서 얻어진 결과가 과연 자유의지인가 하는 문제가 남는다. 확률적으로 정해진 것이 자유의지일까? 주사위를 던져 결정내리는 사람은 자유의지가 있다고 할 수 있을까?

기계지능은 희망을 주기도 하고 공포를 주기도 한다. 기계가 얻게 될지 모를 자유의지가 공포의 주요한 이유이다. 하지만 우리가 걱정하는 자유의지는 그 자체로 명확하지 않은 개념이다. 더구나 우리는 우리보다 뛰어난 지능이나 우리와 다른 형태의 의식에 대해 아는 바가 별로 없다. 섣부른 희망도 위험하지만, 근거 없는 공포도 무익하다는 말이다.

그래서 결국 기계가 자유의지를 가질 수 있다는 말인가 없다는 말인가? 필자의 답은 이렇다.

"지금 그 질문은 당신의 자유의지로 한 것이라고 확신할 수 있는가?"

# 자유의지의 물리학

이 책에서 자유의지 이야기를 여러 번 했다. 어려운 주제이다. 그래서 아예 따로 떼어서 한 번 정리를 하는 편이 좋겠다는 생각이다. 이 주제를 다루다보면 물리학의 모든 것이 다 튀어나올 것이다. 한 가지 짚어둘 것이 있다. 이 글은 학술 논문이 아니다. 물리학자가 가진 자유의지에 대한 단상이랄까. 쉬운 내용은 아니지만, 그냥 편안한 마음으로 읽으시면 되겠다.

우리는 자기 운명의 주인이 되길 희망한다. 이것은 스스로 결정하는 능력을 전제로 한다. 자유의지가 필요하다는 말이다. 하지만 과학은 이런 우리의 바람에 역행하는 듯하다. 존재하는 모든 물질은 물리법칙에 따라 행동한다. 신경과학에 따르면 인간의 의식조차도 뇌세포라는 물질에서 일어나는 물리·화학적 반응들의 부산물에 불과하다. 여기에 자유의지라고 부를 만한 것은 없고, 자유의지를 가졌다고 착각하는 자동기계가 있을 뿐이다.

물리법칙에 따라 결정되는 우주에서 자유의지의 존재 유무는 간단한 문제가 아니다. 우선 우주가 결정론적인지에 따라 결정론과 비결정론으로 나눌 수 있고, 각각에 대해서 자유의지가 있다고도 없다고도 할 수 있다.

결정론을 지지하는 경우, 모든 것이 다 결정되어 있으므로 자유의지가 없다고 생각하면 '강성 결정론'이 되고, 그럼에도 자유의지가 있을 수 있다고 생각하면 '양립론'이 된다. 비결정론을 지지하는 경우, 결정되어 있지 않으므로 자유의지가 있다고 생각하면 '자유론'이 되고, 그럼에도 자유의지가 없다고 생각하면 '양립불능론'이 된다.

『자유의지는 없다』를 보면 샘 해리스Sam Harris는 강성 결정론자에 가까운데, 아마 많은 과학자들의 입장일 것이다. 대니얼 데닛Daniel C. Dennett은『자유는 진화한다』에서 양립론을 주장하며, 자유의지는 실체로서 생존에 도움이 되는 진화의 산물이라는 입장을 표명한 바 있다.

사실 우주가 결정론적으로 행동한다는 것과 자유의지의 존재 여부 사이에는 간격이 있다. 철학에서 벌어지는 자유의지 논쟁은 주로 인간의 의식을 대상으로 하는 것이다. 이 경우 결정론의 문제는 뇌에 국한하여 적용해야 한다. 우주가 비결정론적이라도 의식을 만들어내는 뇌의 물리적 과정이 결정론적이라면 결정론적 관점에서 자유의지를 다뤄야 한다. 이것은 의식이 뇌의 물리·화학적 작용에 불과하다는 기계론적 관점을 지지하는 경우에만 유효하다. 뇌신경학자로 대표되는 많은 과학자들의 입장이기도 하다. 하지만 의식에 비물질적인 측면이 있다면 자유의지에 대한 논의는 결정론뿐 아니라 과학의 범위를 넘어서게 된다.

　뉴턴의 고전물리학은 결정론적이라 알려져 있다. 운동을 기술하는 미분방정식을 풀어써보면 어느 한 순간의 위치와 속도를 알 때, 바로 다음 순간의 위치와 속도를 구하는 형태로 나타낼 수 있기 때문이다. 앞서 "우주의 시"에서 자세히 이야기한 바 있다. 우주가 결정론적이라는 것은 이와 같이 물리법칙이 이웃한 두 시각 사이의 관계로 주어져 있다는 것만을 의미한다.

예를 들어, 올해 내 나이가 30세라면 내년에는 31세가 될 것이다. 1년 간격에 대해 나이라는 물리량을 기술하는 법칙은 매년 1살씩 더하는 것이기 때문이다. 이는 어느 한 순간 물리량을 알 때 다음 순간의 물리량을 알 수 있다는 뜻이라고 볼 수 있다. 따라서 초기조건이 주어지면 우주는 스스로 굴러가며 다음 값들을 구해간다. 이렇게 고전역학의 우주는 자동으로 진행하는 기계와 비슷하다. 결국 시간에 대한 미분방정식으로 표현된 물리법칙들이 기술하는 물리량들은 결정론적이다.

결정론적 측면에서 볼 때, 미분방정식은 두 가지 범주로 나뉜다. 편의상 유형(I)과 유형(II)라 부르자. 유형(I)은 미래에 대한 답을 수식의 형태로 완전히 알고 있는 경우이다. 지구상에서 물체를 자유낙하 시키면 움직인 거리가 '4.9 곱하기 시간(초)의 제곱'으로 주어진다. 따라서 1초 지나면 4.9미터, 2초 지나면 19.6미터 움직인다. 움직인 거리를 시간의 함수로 알고 있기 때문이다. 초기조건이 주어지면 곧바로 모든 순간에 대한 답을 즉각 알 수 있다는 말이다.

유형(II)의 경우에는 미래에 대한 답을 수식의 형태로 나타낼 수 없다. 전문용어를 사용하자면 카오스, 즉 혼돈이 일어나기 때문이다. 유형(II)도 미분방정식이 존재한다는 점에서 결정론적이지만, 알려진 수식으로 미래를 나타낼 수 없다는 점에서 그 예측가능성은 제한된다. 임의의 시각의 물리량을 알아내기 위해서는 첫 번째에서부터 차례대로 계산해나가는 수밖에 없기 때문이다. 유형(II)는 결정론의 입장에서 미묘한 질문을 제기한다. 미래는 분명 결정되어 있으나 그것을 알려면 거기까지 가보아야만 한다. 예측할 수 없는 미래가 결정되어 있다는 것은 무엇을 의미할까?

우리가 사는 세상은 유형(II)의 미분방정식에 가깝다. 너무 복잡하여 미래를 예측하기가 거의 불가능하다는 말이다. 결정되어 있으나 예측할 수 없다면 미래에 벌어지는 사건에 대해 자유가 있다고 해도 괜찮은 걸까? 대니얼 데닛은 그렇다는 입장이다. 그렇다면 이 자유는 우리의 주관적 무지에서 기인하는 것이 된다. 유형(II)의 혼돈을 보이는 시스템의 미래 예측은 먼 미래로 갈수록 기하급수적으로 어려워진다. 나비효과라고 부르는 혼돈의 정의이다. 하지만 이 경우도 가까운 미래는 어느 정도 예측가능하다. 이 때문에 일기예보를 할 수 있는 것이다. 기상대의 장비가 좋아지고 기상예측이론이 발전할수록 점점 더 먼 미래를 예측하는 것이 가능하다.

원리적으로 유형(II)의 무지는 과학기술이 발전함에 따라 줄어든다. 자유의지의 영역이 미래를 예측하는 과학기술 정도에 의존한다는 말이다. 무한한 정확도로 측정하고 무한히 빠른 속도의 컴퓨터를 가진 존재에게 유형(II)의 불확실성은 문제가 아니다. 하지만 자유의지 문제는 인간의 의식이 주된 대상이므로 인간이 가진 능력의 한계까지 생각하는 것이 타당하다.

결국 유형(II)를 근거로 하는 양립론자라면 자유의지에 대해 다소 실용적인 입장이 될 수밖에 없다. 가까운 미래에 대해서 자유의지란 없다. 많은 것들이 예측가능하기 때문이다. 하지만 먼 미래의 일에 대해서는 예측이 불가능하므로 자유의지가 있다고 볼 수 있다. 이런 임기응변적인 관점을 갖지 않는다면, 유형(II)를 근거로 양립론을 주장하는 것은 무리이다.

물리량이 결정론적이라는 것과 우주가 결정론적이라는 것에는 차이가 있다. 고전역학의 경우 뉴턴의 운동방정식이 기술하는 것은 위치와 속도뿐이다. 위치와 속도만 알면 우주를 완전히 기술하는 것이 가능할까? 고전역학은 그렇다는 입장이고, 따라서 우주는 결정론적이다. 하지만 양자역학은 이 지점에서 차이가 있다.

양자역학은 슈뢰딩거의 파동방정식으로 기술된다. 이 방정식도 뉴턴의 방정식에서와 같이 시간에 대한 미분방정식 형태를 갖는다. 파동함수도 결정론적으로 정해진다는 뜻이다. 하지만 파동함수는 뉴턴방정식과 달리 위치나 속도를 바로 주지 못한다. 위치나 속도를 가질 확률만을 기술한다. 더구나 위치와 속도를 동시에 기술할 수도 없고, 둘 중 하나를 골라 그것에 대한 확률만을 기술할 수 있다. 이 때문에 "양자역학은 상태의 기술에 있어서는 결정론적이지만, 위치나 속도와 같은 물리량을 기술하는 데 있어 비결정론적이다"라고 하이젠베르크는 주장했다. 위치와 속도를 중심에 두고 있는 고전역학의 기준으로 보면 양자역학은 분명 비결정론적이다. 이 때문에 물리학자 미치오 카쿠加來道雄는 『평행우주』에서 자유의지가 존재할 수 있다고 주장한다.

양자역학이 비결정론적이라고 해서 곧바로 자유의지가 존재할 수 있다고 생각하는 것은 위험하다. 인간의 의식에 초점을 두고 자유의지를 생각한다면, 의식에 양자역학의 비결정론적 측면이 기여하는 바가 있는지 검토해야 하기 때문이다. 로저 펜로즈는 『우주, 양자, 마음』에서 양자역학의 중첩이 신경세포 내에서 중요한 역할을 할 수 있다는 제안을 했다. 하지만 아직까지 그 실험적 증거를 찾았다는 보고는 없으며, 주류 과학계는 부정적인 입장이다. 양자역학은 비결정론적이지만, 뇌는 고전역학적으로 작동되므로 결정론적이라고 봐야 한다는 뜻이다.

양자역학적 확률은 고전통계역학에 나오는 확률과 근본적인 차이가 있다. 고전통계역학의 확률은 우리의 주관적 무지에서 비롯된다. 예를 들어 동전을 던지면 앞면이 나올지 뒷면이 나올지 알지 못하기 때문에 확률로 기술한다. 만약 강력한 컴퓨터를 가진 물리학자가 있다면 동전의 초기조건, 중력, 마찰력 등을 고려하여 뉴턴방정식을 풀 수 있다. 이로부터 앞면이 나올지 뒷면이 나올지 예측할 수 있다. 이 물리학자에게 동전던지기는 확률 문제가 아니다.

하지만 양자역학의 확률은 우리가 결과를 예측하는 것이 원리적으로 불가능하다는 전제에서 나온다. 동전을 던지고 관측했더니 앞면이다. 관측하기 직전 동전의 상태는 무엇일까? 앞면이라고 답하면 틀린다. 측정 전에는 결과에 대해 전혀 알 수 없다. 측정하는 순간 앞면이 된 것이다. 양자역학의 코펜하겐 해석이다. 양자역학적 확률은 진정한 의미의 비결정론이며, 객관적 무지에서 비롯된다.

미래에 대해 본질적으로 정확히 알 수 없다고 자유가 있는 것일까? 짜장면을 먹을지 짬뽕을 먹을지 결정하는 문제를 생각해보자. 빛의 편광을 측정하여 수평 방향이면 짜장면, 수직 방향이면 짬뽕을 먹기로 하자. 편광이 무엇인지는 우리의 논의에서 중요하지 않다. 편광이라는 것이 양자역학적 대상이라 측정하기 전에 무엇이 나올지 전혀 알 수 없다는 것만 알면 충분하다. 이 경우 결정은 완전히 무작위로 이루어진다. 여기에 자유의지가 있다는 것이 무슨 뜻일까? 그냥 무작위로 짜장면이나 짬뽕이 정해졌을 뿐이다. 이 상황을 무슨 의도가 있는 것으로 간주하여 자유의지가 존재한다고 주장할 수도 있을 것이다. 하지만 이것이야말로 과학적 근거가 없는 형이상학적 개념 부여에 불과하지 않을까?

20세기 초 양자역학은 우리에게 결정론적 자연관을 포기하도록 만들었지만, 20세기 중반 양자역학은 이보다 더 심각한 질문을 던진다. 양자역학의 비결정론을 거부하던 아인슈타인이 EPR 역설을 제기한 것이다. EPR이란 이름은 이 역설을 제기한 아인슈타인, 포돌스키Boris Podolsky, 로젠Nathan Rosen의 첫 글자를 각각 딴 것이다. 여기서 위치나 속도와 같은 물리량들이 가져야 할 기본 성질로 실재성reality이라는 것이 제시된다. 어떤 물리량이 실재적이라면 측정되기 전에 그 값이 정해져 있어야 한다는 것이다. 양자역학에서 측정 전에 물리량은 정해져 있지 않으므로 이런 정의는 이미 양자역학과 모순을 일으키는 것처럼 보인다. 하지만 EPR의 주장은 미묘하다.

양자역학에서는 측정이 대상에 영향을 주기 때문에 물리량들이 실재적이지 않다. 측정 중의 영향이 대상의 물리량들을 교란시키게 되는데, 그 결과 운동량(질량에 속도를 곱한 것)이나 위치와 같은 물리량을 동시에 정확히 알 수 없다는 불확정성 원리가 나온다. EPR은 불확정성 원리의 제약을 우회하기 위해 측정하고자 하는 대상을 직접 관측하지 않고 간접적으로 측정하는 방법을 제안한다.

아이디어를 간단히 설명하면 이렇다. 상자에 흰 공과 검은 공이 들어 있다고 하자. 둘 중에 하나를 꺼내서, 색을 보지 않은 채 멀리 가져간다. 여기서 멀다는 것은 천문학적으로 먼 거리를 의미한다. 가져간 공의 색을 확인했더니 흰색이다. 그렇다면 이 순간 상자에 남은 공은 검은 공이 된다. 상자 안에 남아 있는 공의 색은 실재적이라 할 수 있다. 측정하기 전에 그 결과가 결정되어 있기 때문이다.

상자 안의 공은 측정당하지 않았으므로 측정에 의한 교란과 상관없다. 여기서는 공의 색깔을 고려했지만, 공의 위치나 속도를 가지고도 비슷한 상황을 만드는 것이 가능하다. 한쪽 공의 위치를 측정하면 다른 공의 위치를 아는 식이다. 그러면 멀리 떨어진 곳에서 무엇을 측정했는지에 따라 상자 안에 있는 공의 위치나 속도가 실재적이 될 수 있다. 물리량의 실재성이 멀리 떨어진 다른 물체의 측정 결과에 의존한다는 것이 이상하지 않은가? 이것이 EPR 역설이다.

문제는 또 있다. 양자역학에 따르면 측정하는 순간 공의 색깔이 결정된다. 측정 전 물리량에 대해 아무것도 알 수 없기 때문이다. 멀리 떨어진 곳에서 측정하는 바로 그 순간, 상자 안에 있는 공의 색이 결정된다. 하지만 이것은 특수상대성이론의 가정에 위배된다. 빛의 속도보다 빠른 정보 전달을 허용하기 때문이다.

이 역설들의 해결은 간단하다. 양자역학의 비결정론을 포기하는 것이다. 모든 물리량이 항상 결정되어 있다면 선택에 따른 실재성 역설은 바로 사라진다. 공을 상자에서 꺼낼 때 이미 어느 공이 선택되었는지 결정되므로, 멀리 가서 관측해 봐야 이미 정해진 색을 확인하는 것일 뿐이다. 따라서 빛보다 빠른 정보의 전달 따위는 없다.

결국 양자역학이 이야기하는 확률은 고전확률과 같은 것으로 우리의 무지를 반영할 뿐이라는 결론이 된다. 양자역학에 확률이 필요 불가결하다면 아직 우리가 놓치고 있는 무엇인가가 있다는 의미이다. 우리가 아직 모르는 이것을 숨은 변수 hidden variable라 부른다. 하지만 숨은 변수가 정말 존재하는지에 답하는 것은 원리상 불가능해 보인다. 양자역학의 코펜하겐 해석이 맞는지, 숨은 변수가 존재하는지에 상관없이 동일한 결과가 나오기 때문이다.

1964년 존 벨John S. Bell은 「EPR 역설에 대하여On the Einstein-Podolsky-Rosen Paradox」라는 논문을 통해 놀랍게도 숨은 변수의 존재 여부를 판별할 수 있는 간단한 부등식을 제시한다. 이 부등식을 얻기 위해서는 두 가지 가정이 필요하다. 첫째, 모든 물리량들이 항상 정확한 값을 갖는다. 둘째, 물리량들은 국소局所적으로 영향을 주고받는다. 첫 번째 조건은 실재성에 대한 가정으로 숨은 변수가 있음을 의미한다. 두 번째 조건은 국소성이라 불리는 것인데, 빛보다 빠른 정보 전달이 없음을 의미한다. 이 두 가정을 한데 모아 '국소적 실재성local realism'이라 부른다.

벨이 정의한 국소적 실재성의 조건이 만족되는 경우, 벨의 부등식은 반드시 만족해야 한다. 고전역학의 경우 국소적 실재성은 무조건 만족된다. 하지만 벨 부등식을 양자역학적으로 계산해보면 위배되는 경우들이 존재한다. 이런 경우들 가운데 위배되는 정도가 가장 큰 양자상태를 '벨 상태'라 부른다. 벨 부등식의 위배는 논리적으로 양자역학에서 국소적 실재성이 성립하지 않음을 보여준다. 이것은 양자역학의 '이론'이 예상하는 결과이다. 남은 일은 실제 실험을 통해 벨 상태가 벨 부등식을 정말 위배하는지 확인하는 일이다.

아인슈타인의 수성 근일점 이동 예측과 비슷한 것이다. 아인슈타인은 일반상대성이론의 계산을 통해 수성의 근일점이 뉴턴역학이 예상한 위치와 조금 다를 것이라 예측했다. 에딩턴Arthur Stanly Eddington이 이끄는 탐험대는 일식 때 수성의 위치 관측을 통해 일반상대성이론이 맞았음을 입증했다.

벨 덕분에 이제 실험적으로 부등식의 위배 여부를 판별하여 EPR 역설 문제에 과학적으로 답을 할 수 있게 된 것이다. 1982년 알랭 아스페Alain Aspect는 벨 상태에 있는 두 개의 광자를 이용하여 벨의 부등식이 위배됨을 실험적으로 보인다. 이는 우주가 국소적 실재성을 갖지 않는다는 것을 의미한다.

논리적으로는 국소성이나 실재성 둘 중 하나만 틀려도 충분하다.

벨의 부등식을 얻기 위한 가정에 빠진 것이 한 가지 있다는 사실이 나중에 밝혀진다. 실험자가 원하는 물리량을 자유롭게 선택하여 측정할 수 있다는 것이다. 예를 들어 공의 색깔을 측정할지 공의 크기를 측정할지 마음대로 정할 수 있다는 뜻이다. 벨은 이것이 너무 당연하여 가정할 필요도 없다고 생각했다. 하지만 이것이 바로 자유의지의 존재를 가정하는 것이다. 최근 물리학자들은 이 가정을 '측정독립measurement independence'이라는 용어로 부른다. 우주가 국소적 실재성을 갖더라도 측정독립 가정을 깨뜨리면 알랭 아스페의 실험 결과를 설명할 수 있다.

따라서 벨 부등식의 위배는 세 가지 가정 가운데 하나가 틀렸음을 의미한다. 실재성, 국소성, 측정독립성(또는 자유의지)이 그것이다. 아직까지 이 가운데 어느 것이 틀린 것인지 알아낼 수 있는 방법은 알려지지 않았다.

벨의 부등식은 숨은 변수가 존재하는지, 그러니까 양자역학의 해석이 맞는지 질문하는 것이다. 하지만 양자역학 그 자체가 완벽한 것인지는 알 수 없다. 이와 관련해서는 2011년 중요한 이론적 성과가 있었다. 2011년 로저 콜벡Roger Colbeck 과 레나토 레너Renato Renner는 교묘한 방법으로 양자역학이 완벽함을 증명한다. 우선 양자역학을 확장시킨 더 진보된 이론이 있다고 가정한다. 그리고 그런 이론에서 얻어지는 추가적인 정보가 양자역학이 주는 정보보다 많지 않다는 것을 수학적으로 증명한 것이다. 여기서 강조하고 싶은 것은 이 증명에서 저자들이 단 하나의 가정을 했다는 점이다. 바로 앞서 말한 측정독립성이다. 자유의지의 유무가 양자역학의 완결성과 관련이 있다는 뜻이다. 만약 실험자가 자유롭게 실험장치를 선택할 자유를 가지지 못한다면 양자역학이 불완전할 여지가 생긴다.

고전역학은 결정론적이다. 혼돈이나 복잡계가 갖는 비결정론적 특성은 객관적인 것이 아니라 주관적인 무지의 산물이다. 따라서 자유의지와 관련한 논의를 고전역학적 틀 내로 국한한다면, 엄밀한 의미에서 자유의지가 없다는 결론에 도달하기 쉽다.

양자역학은 비결정론적이다. 하지만 두 가지 이유에서 자유의지에 대해 부정적인 결론으로 이끈다. 첫째, 완벽하게 무작위적인 결정을 자유의지라고 부르는 것이 어떤 의미인가? 둘째, 뇌는 양자역학이 아니라 고전역학의 결정론으로 설명되고 있지 않는가?

이같이 물리학은 자유의지에 대해 대체로 부정적이다. 하지만 자유의지가 없다면 양자역학의 완결성에 의심이 생길 수 있다는 최근 연구 결과는 상황을 다소 복잡하게 만들고 있다. 물리학자가 자유의지를 버리기는 쉬워도 양자역학을 버리기는 어렵기 때문이다.

---

통제

인공지능은 일정 수준 이상이 되면 인간의 통제를 벗어날 가능성이 있다.

_한재권, 『로봇 정신』

전혀 놀랄 일이 아니다. 지구가 만든 '인간' 지능은 이미 지구의 통제를 벗어났다.

---

# 상상력을 상상하며

최악의 과학자는 예술가가 아닌 과학자이며,

최악의 예술가는 과학자가 아닌 예술가이다.

_물리학자 아르망 트루소

로버트 루트번스타인Robert Root-Bernstein과 미셸 루트번스타인Michele Root-Bernstein이 쓴 『생각의 탄생』에 나오는 구절이다. 예술과 과학의 융합을 이야기할 때 자주 인용된다. 필자에게 이상했던 것은 이 말을 했다는 아르망 트루소Armand Trousseau라는 인물이었다. 이런 물리학자의 이름을 한 번도 들어본 적이 없었던 것이다. 구글 검색을 해본 결과 'physician'을 '내과의사'가 아니라 '물리학자'로 오역誤譯한 것임을 알게 되었다. 사소한 실수일 수도 있다. 하지만 이 구절을 말한 사람이 물리학자가 아니라 내과의사이고, 임상의학 관련 책에 쓰인 것임을 생각하면 융합에 대한 의미가 좀 다르게 느껴지지 않는가?

최근 과학과 예술의 융합을 이야기하는 사람들이 많다. 사실 1830년대에 등장한 과학자라는 명칭은 예술과 관련 있다. 지질학자 윌리엄 휴얼William Whewell은 예술가artist와 비슷한 이름으로 과학자scientist라는 단어를 제안했다. 이 단어는 곧 급속히 확산되어 1840년에는 옥스퍼드 사전에 등재되기에 이르렀다. 과학자가 하나의 직업으로 자리 잡아가던 시기, 그 일의 성격이 예술과 비슷하다고 여겨졌던 것이다. 과학과 예술의 겉모습은 많이 다르지만, 상상력을 필요로 한다는 점에 있어 이 두 분야는 통하는 부분이 있다. 하지만 과학과 예술의 상상력은 근본적으로 다르다. 융합보다 소통이 필요하다고 생각하는 이유이다.

과학자가 되려면 상상력이 풍부해야 한다는 이야기를 곧잘 듣는다. 이건 그리 놀라운 일이 아니다. 과학의 역사를 보면, 새로운 과학이론이라는 것이 당시로는 정말 말도 안 되는 생각인 경우가 허다하기 때문이다.

물리학의 역사는 지구가 태양 주위를 돈다는, 당시로서는 정신 나간 이론에서 시작되었다. 이 생각이 얼마나 황당한 것인지는 조금만 생각해봐도 자명하다. 주위를 둘러보라. 지구가 돌기는커녕 가만히 있지 않은가. 코페르니쿠스는 별들의 운동을 일관성 있게 설명하려다 혹시 지구가 도는 것 아닐까 하는 위대한 상상에 이르게 된다.

갈릴레오는 한 걸음 더 나아가 등속으로 움직이는 것이 자연스럽다는 생각을 한다. 사실 이것도 말이 안 되는 상상이었다. 주위를 둘러보라. 대부분 정지해 있지, 어디 등속으로 움직이는 것이 있나? 그것은 정지가 자연스러워서가 아니라 마찰력 때문에 등속으로 움직이기 힘들어서 그런 거라고 갈릴레오는 대답한다. 이때 그는 상상력의 정점에 있었다고 볼 수 있다. 등속으로 움직이는 것이 자연스럽기 때문에 우리는 지구가 움직이고 있어도 눈치채지 못하는 거다. 등속운동이 자연스럽다. 따라서 속도가 일정하지 않으면 이유가 있어야 한다. 그 이유를 힘이라고 부르자는 것이 바로 이 책에서 무수히 이야기한 뉴턴의 제2법칙 $F=ma$이다.

패러데이는 빈 공간에 보이지 않는 가상의 역선力線이 있다고 생각했다. 맥스웰은 한 걸음 더 나아가 공간에 톱니바퀴 같은 것이 가득 차 있다고 상상하면서 이를 바탕으로 전자기학을 완성한다. 이 이론이 예언하는 전자기파가 없다면 TV나 휴대폰은 바로 무용지물이 된다.

현대물리학에 오면 상상력은 웬만한 상상가도 받아들이기 힘든 지경에 이른다. 아인슈타인은 움직이는 사람의 시간이 느리게 흐른다는 정말 말도 안 되는 주장을 해서 명성을 얻었다. 하지만 아인슈타인조차 하나의 전자가 두 개의 구멍을 동시에 지나간다는 양자역학에는 두 손 들어버린다. 이런 새로운 아이디어들의 공통점은 일상에서 일어나는 경험적 사실을 무시했기에 가능했다는 것이다. 과학적 진실은 종종 경험을 뛰어넘을 때, 상식을 의심할 때 드러나기 때문이다. 일상의 경험을 무슨 수로 쉽게 뛰어넘나? 장벽을 뛰어넘게 하는 힘이 바로 상상력이다.

뇌과학에서는 뇌를 일종의 컴퓨터로 간주하며, 의식은 화학적 작용의 결과로 본다. 상상력도 인간 의식의 산물에 불과하므로 역시 이런 계산적, 화학적 과정의 결과로 볼 수 있다. 물리적으로 작동하는 이런 기계가 어떻게 갈릴레오, 패러데이, 뉴턴, 아인슈타인과 같은 상상의 도약을 할 수 있을까? 이런 상상력은 분명 계산적 방법만으로는 나올 수 없다.

체스를 두는 컴퓨터 딥블루Deep blue가 인간 체스 챔피언을 이긴 이야기는 유명하다. 일반적으로 컴퓨터는 모든 가능한 경우를 다 늘어놓아본 다음, 그 가운데 최선의 경우를 선택한다. 경우의 수가 100만 가지라도 컴퓨터는 몇 초 만에 이것을 다 검토할 수 있다. 속도야말로 컴퓨터가 가진 진정한 힘이다. 만약 컴퓨터에게 "짝수 두 개를 더하여 홀수가 되는 짝수들을 구하라"는 문제를 내보면 어떨까? 컴퓨터는 빠른 속도로 숫자들을 넣어가며 답을 찾을 것이다. 하지만 우리는 이 조건에 만족하는 짝수가 없다는 것을 안다. 두 짝수의 합은 언제나 짝수이기 때문이다. 계산으로 도출할 수 없는 도약이 필요하다는 뜻이다. 물론 이런 단순한 문제는 미리 걸러내도록 프로그래밍 하여 함정에 빠지지 않을 수도 있다. 그럼 이 문제는 어떨까?

2보다 큰 짝수 중 두 소수의 합이 아닌 수를 찾아라.

이런 수가 존재하지 않는다는 것이 바로 골드바흐의 추측Goldbach's conjecture이다. 이것은 아직 참인지 증명되지 않은 난제難題이다. 컴퓨터를 통해 4,000,000,000,000,000,000보다 작은 수까지는 옳다는 것이 증명되었다. 미래에 뛰어난 수학자가 이 명제를 증명할 수 있을지 모른다. 하지만 선형적 계산에 기반을 둔 지금과 같은 컴퓨터가 할 수는 없다. 과학적 도약의 상상력은 계산을 뛰어넘는 그 무엇이다. 알파고와 같은 딥러닝deep learning 기반 인공지능이 이런 종류의 도약을 할 수 있을지는 아직 알 수 없다.

골드바흐의 추측은 특별한 예에 불과하다고 반박할 수도 있을 거다. 하지만 이런 난제를 푸는 데만 상상력이 필요한 것은 아니다. 사람들은 흔히 과학에는 정답이 있다고 믿는다. 그래서 실험 결과가 이론과 다른 경우 단지 오차가 있다고 생각한다. 이론은 우리가 도달해야 할 궁극의 무엇이기 때문이다. 뉴턴이나 아인슈타인의 이론은 플라톤의 '이데아'와 같으며, 실험정밀도가 높아지면 결국 이데아에 도달할 수 있다는 말이다.

케임브리지대학교 장하석 교수는 그의 책『온도계의 철학』을 통해 이런 믿음이 잘못된 것임을 보여준다. 물의 끓는점을 결정하는 역사적 과정을 보면 과연 끓는점이 있기나 한 것인지 의심하는 시기가 있었음을 알게 된다.

물의 끓는점이란 물이 끓기 시작하는 온도를 가리킨다. 문제는 끓는다는 것을 정의하기가 어렵다는 것이다. 기포가 올라오기 시작하는 순간이 끓는 것일까? 물이 부글부글해야 끓는 걸까? 둘 중 어느 기준을 택하느냐에 따라 온도가 10도는 변한다. 물이 부글거릴 때에도 물 내부의 위치에 따라 온도가 다르다. 용기를 아래에서 가열하는지 옆에서 가열하는지에 따라서도 결과가 달라진다. 또한, 물에 불순물이 있거나 압력이 변해도 끓는 온도가 바뀐다. 물의 끓는점이 객관적으로 존재한다는 전제하에 진행되는 연구지만 이 과정은 연역과는 사뭇 다르다. 오히려 좌충우돌에 가깝다.

결과를 얻어가는 과학적 과정은 그때그때 생존에 유리한 것이 선택되는 생물의 진화와 비슷하다. 나중 단계는 분명 이전 단계에 기반을 두지만, 이전 단계에서 바로 연역될 수는 없다. 그렇다면 절대적 목표의 설정이 아니라 목표에 대한 다양성의 추구가 과학을 하는 올바른 방법일 수 있다. 이 경우 상상력이 중요한 역할을 하게 된다.

예술은 시간을 거슬러 올라가 증표를 찾아낸다. 공간을 확장하여 징표를 찾아낸다. 이 모든 상상력을 기호화하여 인간의 주어진 조건을 가늠한다. 그래서 나는 예술가의 상상력을 과학하는 마음이라 표현하고 싶어진다. 물론 예술가의 상상력이 초과되거나 부족할 때는 실패한 작품이 된다. 이때의 실패는 작품의 실패이지, 예술가의 실패는 아니다. 예술가는 실패를 무릅씀으로써 또 다른 진화를 하기 때문이다. 과학도 그러하다. 나는 과학을 좋아하지만, '사실'을 알려주는 냉철함 때문이 아니라, 우선 '가설'을 세울 줄 아는 모험심 때문에 좋아한다.

이 글은 김소연 시인이 웹진 《크로스로드》에 쓴 「상상력: '미지와 경계'를 과학하는 마음」의 일부이다. 시인이 과학에서 느끼는 매력은 '사실'을 알려주는 냉철함이 아니라 '가설'을 세울 줄 아는 '모험심'이라는 거다. 이것은 기계적 계산을 뛰어넘는 그 무엇, 연역에서 나오지 않는 다양성, 모험에 가까운 대담한 가설, 바로 과학적 상상력의 특징이다.

그렇다면 예술적 상상력과 과학적 상상력의 차이는 무엇일까? 이론물리학 박사학위를 가진 저술가 앨런 라이트먼Alan Lightman은 우선 과학과 예술을 이렇게 구분한다.

어떤 경우든 과학자는 분명 답이 존재하는 문제를 해결하는 작업을 하고 있습니다. 이른바 '답이 존재하는 문제'죠. (…) 어떤 젊은 시인이 "저에게 시인의 소질이 있습니까?"라고 묻자 라이너 마리아 릴케가 했다는 유명한 말이 있죠. "문제 자체를 사랑할 줄 알아야 합니다. 문이 잠긴 방, 전혀 모르는 외국어로 쓰인 책 같은 문제를 말이죠." 예술이란 대부분 이처럼 문제 자체에 관한 것이라고 저는 생각합니다. 답보다 의문이 더 중요하죠.

  과학은 무언가 해결하는 것을 전제로 한다. 답이 있는 문제를 다루는 것은 물론이고 결국은 답을 구해야 한다. 앞서 말한 대로 이 과정이 논리적이고 연역적이지만은 않다. 과학이 가져야 할 중요한 덕목 가운데 하나가 반증가능성反證可能性, falsifiability인데, 이런 조건이 문제의 선택에 많은 제약을 가한다. 그래서 일류 물리학자는 문제를 잘 푸는 사람이 아니라 문제를 잘 만드는 사람이란 말이 있다. 예술은 답까지 구할 필요가 없다는 점에서 훨씬 더 자유롭다고 할 수 있겠다. 과학자가 보기에 이런 점에서 예술은 무책임하다. 상대적으로 결과에 대한 책임이 작은 예술은 상상에 있어 운신의 폭이 훨씬 넓다.

  그런데 현대예술적 상상력에 많은 기여를 해온 것이 다름 아닌 과학적 상상력이었다. 살바도르 달리Salvador Dali의 그림 〈기억의 영속The Persistence of Memory〉에서는 시계가 녹아내린다. 돈 에즈Dawn Ades에 따르면 이것은 아인슈타인의 상대성이론에서 영감을 얻은 것이라 한다. 햇빛에 카망베르치즈가 녹는 광경에서 영감을 얻었다는 말도 있다. 바실리 칸딘스키는 회고록에서 "원자가 더 작은 구조로 나누어진다는 것은 내게 있어 세계의 붕괴와도 같았다"라고 쓰고 있다.

과학적 상상력으로 만들어진 소설은 SF라는 하나의 장르를 형성하기까지 했다. 멜리에스Georges Méliès가 만든 최초의 상업영화 〈달세계 여행〉이 SF인 것은 우연이 아니다. 시간과 공간이 뒤틀리고 관측이 대상을 변화시키며 나비의 날갯짓이 토네이도를 일으키는 현대물리학은 이미 예술가의 상상력을 능가하는 경지에 이른 것임에 틀림없다.

현대미술이 과학의 영향을 받았었고, 지금도 강하게 받고 있는 것은 분명하다. 그것은 과학적 상상력이 기존 지식의 조합으로 얻어지기 힘들 정도로 과감하기 때문일 거다. 이는 과학자들의 상상력이 뛰어나서가 아니다. 우주의 실제 모습이 인간의 경험에 기초하여 예측한 모습과 완전히 다르기 때문일 뿐이다. 미술이 있는 그대로를 그리는 고전주의를 벗어나 뭔가 새로운 것을 하려 한다면 과학에서 소재를 구하는 것이 나쁜 선택은 아니란 말이다. 행동신경과학자 대니얼 레비틴 Daniel Levitin의 말이다.

인간이 언어로 소통할 수 없는 많은 것을 예술과 음악을 통해 전달하는 것은 놀랄 일이 아닙니다. 오히려 놀랄 일은 언어를 가지고 이만큼 할 수 있다는 사실이죠.

과학적 상상력은, 상상이라고 했지만, 결국에는 보편적이고 재현가능한 실험적 증거로 뒷받침되어야 한다. 예술적 상상력은 정말 백지수표의 상상이다. 과학적 상상력이 예술적 상상력에 도움을 주었다면, 그것은 아직 우리가 우주를 제대로 이해하지 못하고 있다는 것을 보여주는 것 아닐까?

미국에서는 2000년대 초부터 이른바 STEM교육이라는 것이 부상하기 시작했다. STEM이란 Science, Technology, Engineering, Mathematics의 약자이다. 과학기술의 융합교육을 가리킨다. 이것이 한국에 도입되며 예술Arts이 추가된다. 그래서 만들어진 것이 STEAM교육. 창의적 인재 육성을 위해서는 과학기술에 인문학 및 예술을 융합해야 한다는 취지로 보인다. 이제 어디서나 융합에 대해 이야기한다.

과학과 예술은 상상력을 필요로 한다는 점에서 공통점을 갖는다. 과학적 상상력은 종종 평범한 상상력을 뛰어넘는다. 그러다 보니 과학적 상상이 예술가들이 하는 자유로운 상상

김상욱의 과학공부

과 다르지 않다고 느껴질 수도 있겠다. 현대예술이 종종 과학을 모티브로 새로운 돌파구를 여는 일이 잦아지며, 과학과 예술 사이의 경계가 허물어진다고 생각하는 풍조도 있는 것 같다.

하지만 예술적 상상력과 과학적 상상력은 분명 다르다. 과학적 상상력은 기존의 지식으로 아무리 해도 이해되지 않는 결과를 설명하기 위해 필요하다. 이렇게 얻은 답은 기존 지식이 얼마나 편협했는지를 보여줄 뿐, 상상력의 승리가 아니다. 새롭게 얻은 답은 재빨리 기존의 지식 속으로 편입된다. 예술적 상상력은 무엇을 해결하거나 해소하기 위함이 아니기 때문에 목적 없는 항해와 같다. 예술이 과학적 상상력을 차용한다면, 그것은 아직 그 과학적 상상이 상식이 되지 않았다는 것을 의미할 뿐이다.

근본적으로 다른 것을 억지로 섞으면 오히려 탈이 난다. 친하다고 꼭 동거를 해야 하는 것은 아니지 않은가. 과학과 예술은 서로 상상력을 주제로 이야기 나눌 수 있다. 과학적 상상에서 예술이 영감을 얻을 수 있고, 수학과 언어가 할 수 없는 상상을 예술이 할 수 있기 때문이다. 이런 점에서 과학과 예술은 분명 서로 호감을 느끼는 사이인 것이다. 서로 호감을 가진 남녀라면 커피나 마시며 함께 수다를 나누는 것으로 충분할 수 있다. 껴안고 키스까지 하지 않더라도 말이다. 융합보다 소통이 중요하다고 믿는 이유이다.

## 수학 없는 물리

수학이나 어려운 개념 없이 물리를 쉽게 설명해달라는 요청을 자주 받는다. 이것은 장님에게 빛을 설명하라는 것과 비슷하다. 저녁노을은 그윽한 붉은 와인의 맛과 비슷하고, 비 온 뒤 구름 사이로 비치는 햇살은 〈위풍당당 행진곡〉의 느낌과 비슷하다고 말해줄 수 있다.

장님은 감동하겠지만, 그 어느 것도 진실은 아니다. 장님이 눈을 뜨고 보면, 한마디 설명 없이도 그냥 다 알게 된다. 물리도 마찬가지이다. 눈을 뜨는 것이 힘들기는 하지만.

# 후기

철학자 들뢰즈Gilles Deleuze는 철학이 '자유로운 인간의 모습을 만드는 것'이라고 말했다. 권력을 안정시키기 위해 신화와 영혼의 동요動搖를 필요로 하는 모든 자를 고발하는 것이라고도 했다. 인간을 불행하게 하는 것은 세상 그 자체가 아니다. 세상, 즉 자연은 그저 법칙에 따라 움직일 뿐이다. 모든 불행은 상상으로 만들어진, 신화와 영혼의 동요를 일으키는 '공포'에서 비롯된다. 이러한 공포는 권력을 가진 자들이 그 권력을 유지하기 위해 만든 것이다.

철학한다는 것은 신화와 동요를 걷어내는 것, 자연 그대로 세상을 이해하는 것이다. 자연을 이해하는 것을 과학이라 한다. 이렇게 과학은 철학이 된다. 과학은 신화와 동요를 고발하고, 권력을 거부한다. 결국 과학은 자유로운 인간의 모습을 만들어내는 것이다.

과학이 어려운 것은 그것이 낯설어 보이기 때문이다. 인간은 상상을 만들고 그 상상이 마치 실재하는 양 믿는 동물이다. 역사 이래 인간은 신화 속에 살아왔고 또 살고 있으며, 이는 자연을 제대로 보는 것을 방해한다. 따라서 일부러 낯설게 보는 것이야말로 과학의 첫걸음이다.

_과학으로 낯설게 하기

우리가 살고 있는 한국 사회에도 '만들어진' 신화와 동요가 있다. 철학한다는 것은 그것들을 고발하는 것이다. 그렇다면 마찬가지로 과학도 고발하는 일에 게을러서는 안 된다. 신화와 동요에 눈감고, 모른 척하는 과학은 더 이상 철학이 아니다.

_대한민국 방정식

과학을 제대로 한다는 것은 과학자에게도 쉬운 일이 아니다. 그렇기 때문에 과학자라면 끊임없이 자신에게 물어야 한다. "나는 과학자인가?"라고 말이다.

_나는 과학자다

과학자도 당연히 인간이다. 그들도 인간에 대한 질문을 던지고 답을 구한다. 과학이 인문학과 만날 기회가 항상 있었다는 말이다. 실제로 물리학이 인문학적 질문을 받는다면 어떤 대답을 할까?

_물리의 인문학

'철학하는 과학자'라는 책의 카피는 나에게 부담으로 다가왔다. 철학의 원전原典조차 제대로 읽어본 적 없는 내가 감히 철학한다고 할 수 있을까? 솔직히 과학을 제대로 하는 건지조차 모르겠는데 말이다. 내가 오롯이 과학의 눈으로만 쓴 글을 보고 사람들이 철학이라 불러주었다. 뒤늦게 철학책을 들여다보기 시작한 이유이다.

짧은 철학공부를 통해 내가 철학에서 발견한 것은 놀랍게도 과학이었다. 과학을 즐겁게 공부한 사람으로서, 왜 철학을 하는지 이해할 수 있었다. 우리는 '앎'을, '아는 것'을 원한다. 그래서 공부한다. 그것을 과학이라 부르든 철학이라 부르든 그건 당신의 자유이다.

이 책은 내가 몇 년에 걸쳐 여러 곳에 썼던 글들을 모은 것이다. 여러 가지 상황에서 다양한 주제로 길고 짧은 글들을 써왔다. 이런 조각글들을 다듬고 묶어서 하나의 책으로 만드는 것은 책 한 권을 온전히 쓰는 것과 같은 작업이라 생각한다. 한 편의 글도 다양한 문장과 생각을 하나로 모아내는 것 아닌가. 책의 편집을 맡은 박연준 편집자는 공저자로 넣어도 불만이 없을 정도였다. 나보다 내 글을 더 잘 알지도 모른다는 생각마저 든다. 동아시아 한성봉 사장님이 지금으로부터 3년 전, 이런 책을 내보자고 했었던 것이 생각난다. 이 제안이 없었더라면, 이 책은 수정受精조차 되지 못했을 것이다.

책의 토대가 된 글들을 지면에 실어준 국제신문, 부대신문, 동아일보, 머니투데이, 크로스로드, 신동아, 월간보고, 한국어교육학회, 지식의 지평, 말과 활, 주간조선, 월간 경영계, 교육광장, 대학무용제, 광학과 기술, 국민일보, 명대신문 등에도 감사의 말을 전하고 싶다.

거창한 목적이 있다면 과학적이고 합리적인 세상을 만드는 것이다. 이런 일에 뜻을 같이하는 동지들은 (일일이 거명하지 않겠지만) 내가 홀로 글을 쓰는 동안에도 항상 내 옆에 있어주었다. 나와 유전자를 반이나 공유하고 있는 존경하는 부모님과 사랑하는 두 딸은 '나'라는 인간의 자연적 토대를 이룬다.

나하고 유전자를 거의 공유하고 있지 않으면서도 나보다 나를 더 사랑하는 아내야말로 '우연'으로 점철된 우주에 존재하는 단 하나의 '필연'이 아닐까.

과학자는 "인간이 가질 수 있는 가장 행복한 상태"라는 말이 있다. 나는 세상 모든 사람이 가장 행복한 상태가 되길 바란다.

김상욱의 과학공부

© 김상욱, 2016. Printed in Seoul, Korea

**초판 1쇄 펴낸날**  2016년 7월 6일
**초판 26쇄 펴낸날**  2024년 10월 21일
**지은이**     김상욱
**펴낸이**     한성봉
**편집**      박연준·안상준·박소현·이지경
**디자인**     유지연
**마케팅**     박신용·오주형·박민지·이예지
**경영지원**    국지연·송인경
**펴낸곳**     도서출판 동아시아
**등록**      1998년 3월 5일 제1998-000243호
**주소**      서울시 중구 필동로8길 73 [예장동 1-42] 동아시아빌딩
**페이스북**    www.facebook.com/dongasiabooks
**전자우편**    dongasiabook@naver.com
**블로그**     blog.naver.com/dongasiabook
**인스타그램**   www.instagram.com/dongasiabook
**전화**      02) 757-9724, 5
**팩스**      02) 757-9726

**ISBN**     978-89-6262-148-8   03400
이 도서의 국립중앙도서관 출판예정도서목록(CIP)은
서지정보유통지원시스템 홈페이지(http://seoji.nl.go.kr)와
국가자료공동목록시스템(http://www.nl.go.kr/kolisnet)에서
이용하실 수 있습니다. (CIP제어번호: CIP2016015511)